SCHRIFTENREIHE ANTRIEBSTECHNIK

Herausgegeben von der

Fachgemeinschaft Getriebe und Antriebselemente

im Verein Deutscher Maschinenbau-Anstalten e. V. (VDMA)

Band 7

Untersuchung von Zylinderschneckentrieben mit rechtwinklig sich kreuzenden Achsen

Bericht 125
der Forschungsstelle für Zahnräder und Getriebebau
Technische Hochschule München

bearbeitet von
Professor Dr.-Ing., Dr.-Ing. e. h. **Constantin Weber**
u. Dr.-Ing. **Wilhelm Maushake**

herausgegeben von
Professor Dr.-Ing. **Gustav Niemann**

SPRINGER FACHMEDIEN WIESBADEN GMBH

1956

ISBN 978-3-663-00840-8   ISBN 978-3-663-02753-9 (eBook)
DOI 10.1007/978-3-663-02753-9

                    V o r w o r t

Die vorliegende Arbeit zeigt, wie man für Zylinder-Schnecken-
triebe mit geraden, balligen oder hohlen Schneckenflanken die
Berührungslinien an den Schneckenflanken, die Tragfähigkeit
und die Verlustleistung nach der hydrodynamischen Schmiertheorie und ferner die Tragfähigkeit entsprechend der Hertz-
schen Pressung analytisch berechnen kann [1].

Mit Hilfe der hierauf aufgebauten Kennwerte wird dann der
Einfluß des Zahnprofils und des Flankenwinkels, der Zahngröße
und der Lage der Wälzgeraden auf Tragfähigkeit und Verlustleistung in Zahlenwerten ermittelt und in Diagrammen dargestellt, so daß man die Wirkung der jeweils gewählten Ausfüh-
rungsform beurteilen kann.

Die Untersuchungen wurden im Jahre 1950 in der "Forschungsstelle für Zahnräder und Getriebebau" [2] auf Anregung von Dr.
A. Cameron, London, und mit geldlicher Unterstützung des
Department of Scientific and Industrial Research, London,
durchgeführt.

München, 10. Oktober 1956

                              G. Niemann

―――――――――――

1) In der früheren Arbeit: G. Niemann u. C. Weber "Schneckentriebe mit flüssiger Reibung", VDI-Forschungsheft 412,
   Berlin 1942, auf der die obigen Untersuchungen fußen, wurden die entsprechenden Werte erheblich umständlicher und
   weniger genau, teils graphisch und teils analytisch ermittelt.

2) Bis Anfang 1952 an der Technischen Hochschule Braunschweig
   und seitdem an der Technischen Hochschule München.

Inhaltsverzeichnis

Zusammenstellung der Bezeichnungen

Die Bezeichnungen sind alphabetisch in der Reihenfolge große lateinische, kleine lateinische, kleine griechische Buchstaben aufgeführt.

A	[kg]	Hydrodynamische Tragkraft der Schnecke in axialer Richtung, resultierend aus den Normaldrücken des Schmierdruckes
A_H	[kg]	Tragkraft der Schnecke in axialer Richtung, resultierend aus der Walzenpressung
B-Ebene		Tangentialebene im Berührungspunkt; Berührungsebene
B-Linie		Allgemein: Abkürzung für Berührungslinie. Im besonderen: Tangente an die Berührungslinie im B-Punkt der B-Ebene
B'-Linie		Projektion der B-Linie auf die Stirnebene der Schnecke
B-Punkt		Berührungspunkt
C		Wälzpunkt
C_M		Wälzpunkt in der M-Ebene
E, E_1, E_2	$[\text{kg cm}^{-2}]$	Elastizitätszahlen
G-Linie		Schnittlinie zwischen B-Ebene und Stirnebene der Schnecke
H_A, H_V, H_H	[1]	Summe der Werte h_A, h_V, h_H für alle gleichzeitig im Eingriff befindlichen B-Linien
J_A	[1]	Vergleichswert für A
J_V	[1]	Vergleichswert für L_V
J_{RV}	[1]	Vergleichswert für $\dfrac{L_V}{A}$
J_H	[1]	Vergleichswert für A_H
$K_H = \dfrac{2{,}86 P_H^{\,2}}{E}$	$[\text{kg cm}^{-2}]$	Kennwert der Walzenpressung
L_A	$[\text{cm kg s}^{-1}]$	$= M_{Rad}\,\omega_2$
L_F	$[\text{kg s}^{-1}]$	Hydrodynamische Verlustleistung in der Verzahnung je Längeneinheit der B-Linie
L_V	$[\text{cm kg s}^{-1}]$	Hydrodynamische Verlustleistung in der Verzahnung
M-Ebene, M-Schnitt		Mittelschnittebene längs der Schneckenachse senkrecht zur Radachse
M-Profil		Flankenprofil in der M-Ebene

- 2 -

M_{Rad} [cm kg] Moment des Schneckenrades nach der hydrodynamischen Schmiertheorie

$M_{Rad,Hertz}$ [cm kg] Moment des Schneckenrades nach der H e r t z'schen Theorie

P-Ebene, P-Schnitt Parallel-Ebene zur M-Ebene

P-Profil Flankenprofil in der P-Ebene

P [kg cm^{-1}] Normalkraft je Längeneinheit der B-Linie nach der hydrodynamischen Theorie

P_H [kg cm^{-1}] Normalkraft je Längeneinheit der B-Linie nach der H e r t z'schen Theorie

R-Linie Schnittlinie der Radialebene mit der B-Linie

R'-Linie Schnittlinie der Radialebene mit der Stirnebene der Schnecke

T-Linie Schnittlinie der P-Ebene mit der B-Ebene

T'-Linie Schnittlinie der P-Ebene mit der Stirnebene der Schnecke

U-Linie Linie in der B-Ebene, deren Projektion auf die Stirnebene der Schnecke die U'-Linie ist

U'-Linie Normale im B-Punkt zu seinem Radiusvektor r, Tangente an Umfangslinie

$V_{M_{Rad}}$ [1] Vergleichswert für M_{Rad}

$V_{M_{Rad},Hertz}$ [1] Vergleichswert für $M_{Rad,Hertz}$

V_{RV} [1] Vergleichswert für den relativen hydrodynamischen Verlust $\frac{L_V}{L_A}$ bei gleichem kleinsten Schmierspalt min s_{min}

W_1 Wälzgerade der Schnecke in der P- oder M-Ebene

W_2 Wälzkreis des Rades

a [cm] Achsabstand des Getriebes

a_o [cm] Abstand des B-Punktes vom zugehörigen Wälzpunkt; $a_o = \dfrac{r_{o1} - r \cos \vartheta}{\sin \alpha}$

d [cm] Kennmaß für die Getriebestellung

$f_1 \, (f_2)$ [cm s^{-1}] Geschwindigkeit des B-Punktes auf dem P-Profil

$f_{1B} \, (f_{2B})$ [cm s^{-1}] Komponente von $f_1 \, (f_2)$ in Richtung der B-Linie; $f_{1(2)B} = f_{1(2)} \sin \varphi$

f_{1N} (f_{2N}) $\quad$ $[\text{cm s}^{-1}]$ $\quad$ Komponente von f_1 (f_2) senkrecht zur B-Linie; $f_{1(2)N} = f_{1(2)} \cos \varphi$

$$f_1 = \omega_1 \frac{h}{2\pi} \sin \alpha \; \frac{1}{1 - \dfrac{a_o}{\varrho_1}};$$

$$f_2 = f_1 + \omega_1 \frac{h}{2\pi} \frac{a_o}{r_{o2}}$$

h $\quad$ $[\text{cm}]$ $\quad$ Ganghöhe des Zylinderkörpers

h_A, h_V, h_H $\quad$ $[1]$ $\quad$ Mittelwerte der Integranden i_A bzw. $i_A{}'$ usw. bezogen auf $r_a - r_i$

i $\quad$ Übersetzungsverhältnis $i = \dfrac{\omega_1}{\omega_2} = \dfrac{z_2}{z_1}$

i_A, i_V, i_H $\quad$ $[1]$ $\left.\right\}$ Integranden zur Berechnung von A, L_V, A_H
$i_A{}'$, $i_V{}'$, $i_H{}'$ $\quad$ $[\text{cm}]$

k $\quad$ $[\text{cm}]$ $\quad$ Abstand zwischen Krümmungsmittelpunkt des M-Profiles der Schnecke und der Schneckenachse

m $\quad$ $[\text{cm}]$ $\quad$ Zahnmodul; $m = \dfrac{t}{\pi}$

n $\quad$ $[1]$ $\quad$ Reine Zahl; $n = \dfrac{r_{o1} - r_m}{m}$

p_H $\quad$ $[\text{kg cm}^{-2}]$ $\quad$ H e r t z'sche Flächenpressung

r $\quad$ $[\text{cm}]$ $\quad$ Beliebiger Halbmesser der Schnecke

r_a $\quad$ $[\text{cm}]$ $\quad$ Kopfkreishalbmesser der Schnecke

r_i $\quad$ $[\text{cm}]$ $\quad$ Theoretischer Fußkreishalbmesser der Schnecke

r_m $\quad$ $[\text{cm}]$ $\quad$ $\dfrac{r_a + r_i}{2}$ = mittlerer Zahnfeldhalbmesser

r_{o1} $\quad$ $[\text{cm}]$ $\quad$ Schneckenhalbmesser im Wälzpunkt

r_{o2} $\quad$ $[\text{cm}]$ $\quad$ Halbmesser des Radwälzkreises

s $\quad$ $[\text{cm}]$ $\quad$ Spaltstärke an einer beliebigen Stelle des Zahnfeldes

s_{min} $\quad$ $[\text{cm}]$ $\quad$ Kleinste Spaltstärke im Zahnfelde bei beliebiger Stellung der Schnecke

$\min s_{min}$ $\quad$ $[\text{cm}]$ $\quad$ In der Stellung der ungünstigsten Schmierdruckbildung auftretende kleinste Spaltstärke s_{min} im Zahnfelde

t $\quad$ $[\text{cm}]$ $\quad$ Zahnteilung im Wälzkreis

u_1 $\quad$ $[\text{cm s}^{-1}]$ $\quad$ Schraubgeschwindigkeit der Schnecke;

$$u_1 = r \frac{\omega_1}{\cos \gamma}$$

- 4 -

u_{1B}	$[\text{cm s}^{-1}]$	Komponente von u_1 in Richtung der B-Linie; $u_{1B} = u_1 \cos \varepsilon$
u_{1N}	$[\text{cm s}^{-1}]$	Komponente von u_1 senkrecht zur B-Linie; $u_{1N} = -u_1 \sin \varepsilon$
v_1	$[\text{cm s}^{-1}]$	Umfangsgeschwindigkeit der Schnecke im B-Punkt; $v_1 = r\,\omega_1$
v_2	$[\text{cm s}^{-1}]$	Umfangsgeschwindigkeit des Rades im Wälzkreis; Geschwindigkeit des M- oder P-Profiles der Schnecke; $v_2 = \omega_1 \dfrac{h}{2\pi}$
w_N	$[\text{cm s}^{-1}]$	Summe der Geschwindigkeiten normal zur B-Linie zweier Walzen; $w_N = u_{1N} + f_{1N} + f_{2N}$
w_D	$[\text{cm s}^{-1}]$	Differenz der Geschwindigkeiten normal zur B-Linie zweier Walzen; $w_D = u_{1N} + f_{1N} - f_{2N}$
w_B	$[\text{cm s}^{-1}]$	Differenz der Geschwindigkeiten in Richtung der B-Linie zweier Walzen; $w_B = u_{1B} + f_{1B} - f_{2B}$
$\left.\begin{array}{l} x \\ y \\ z \end{array}\right\}$	$[\text{cm}]$	Raumfestes Koordinatensystem
z_1	$[1]$	Gangzahl der Schnecke
z_2	$[1]$	Zähnezahl des Rades; $z_2 = z_1\, i$
α	$[°]$	Flankenwinkel des P-Profiles der Schnecke im B-Punkt; $\operatorname{tg}\alpha = \operatorname{tg}\alpha_M \cos\vartheta + \operatorname{tg}\gamma \sin\vartheta$
α_M	$[°]$	Flankenwinkel des M-Profiles der Schnecke im B-Punkt
γ	$[°]$	Steigungswinkel der Schneckenflanke; $\operatorname{tg}\gamma = \dfrac{h}{2\pi r}$
δ	$[°]$	Zahnfeldwinkel
ε	$[°]$	Winkel in der B-Ebene zwischen der Tangente an die B-Linie und der Umfangsrichtung der Schnecke im B-Punkt; $\varepsilon = 180° - (\delta + \nu)_B - (90° - \delta)_B$
ϑ	$[°]$	Koordinate des Zylinderkoordinatensystems r, ϑ, z
ν	$[°]$	Winkel in der Stirnansicht der Schnecke zwischen der Tangente an die B-Linie und dem Radiusvektor r. Berechnung nach Gl.(30)
ζ	$[\text{kg s cm}^{-2}]$	Dynamische Zähigkeit des Schmiermittels

ϱ_M [cm]   Krümmungshalbmesser des Flankenprofiles der Schnecke in der M-Ebene. Beim Geradlinienprofil ist $\varrho_M = \infty$

ϱ_1 [cm]   Krümmungshalbmesser im B-Punkt des Flankenprofiles der Schnecke in der P-Ebene.

$$\frac{1}{\varrho_1} = \cos^3\alpha \left(\frac{\cos^2\vartheta}{\cos^3\alpha_M \, \varrho_M} - \frac{\operatorname{tg}\alpha_M \, \sin^2\vartheta}{r} + 2\,\frac{\operatorname{tg}\gamma \, \sin\vartheta \, \cos\vartheta}{r} \right)$$

ϱ [cm]   Ersatzkrümmungshalbmesser für die Schmiegungsverhältnisse zwischen den Flankenprofilen von Schnecke und Rad im P-Schnitt.

$$\varrho = \frac{r_{o2}\,\sin\alpha + a_o \left(1 - \frac{a_o}{\varrho_1}\right)}{\left(1 - \frac{a_o}{\varrho_1}\right)^2}$$

ϱ_N [cm]   Ersatzkrümmungshalbmesser für die Schmiegungsverhältnisse im B-Punkt in der Ebene senkrecht zur B-Linie

$$\varrho_N = \varrho\,\frac{\cos^2\varphi}{\cos\psi}$$

σ [o]   Winkel zwischen der Umfangsrichtung in der Stirnansicht der Schnecke und der Schnittlinie zwischen Stirnebene und B-Ebene

$$\operatorname{tg}\sigma = \frac{\operatorname{tg}\gamma}{\operatorname{tg}\alpha_M}$$

τ [o]   Neigungswinkel der B-Ebene gegen die Stirnebene der Schnecke;

$$\operatorname{tg}\tau = \sqrt{\operatorname{tg}^2\alpha_M + \operatorname{tg}^2\gamma}$$

τ_{max} [o]   Größtwert von mehreren τ. τ_{max} beim kleinsten r des Eingriffsfeldes der Schnecke mit Hohlkreisprofil

φ [o]   Winkel in der B-Ebene zwischen Normalen zur B-Linie im B-Punkt und der Schnittlinie von P-Ebene und B-Ebene;

$$\cos\varphi = \frac{\sin(\vartheta + \nu)\,\cos\alpha}{\cos\tau\,\sqrt{1 + \operatorname{tg}^2\tau}\,\cos(\sigma + \nu)}$$

ψ [o]   Winkel <u>zwischen</u> der Ebene eines P-Schnittes und dem Lot auf die B-Ebene im B-Punkt

$$\cos\psi = \sqrt{1 - \sin^2\tau\,\sin^2(\sigma - \vartheta)}$$

ω_1 oder ω $[s^{-1}]$ Winkelgeschwindigkeit der Schnecke

ω_2 $[s^{-1}]$ Winkelgeschwindigkeit des Rades

$(\sigma + \nu)_B$ $[°]$

$(\sigma - \vartheta)_B$ $[°]$

usw. Winkel mit Index B   Winkel in der B-Ebene, deren Projektion auf die Stirnebene der Schnecke $(\sigma + \nu)$ bzw. $(\sigma - \vartheta)$ usw. ist.

Teil I

Einleitung

A. Beschreibung des Getriebes und Aufgabenstellung

Die üblichen Schneckentriebe haben senkrecht sich kreuzende
Achsen. Die Schnecke ist ein zylindrischer Körper mit gewin-
deartigen Gängen. Das Rad ist ein Globoidkörper. Einen solchen
Schneckentrieb bezeichnen wir als Zylinder-Schneckentrieb.

G. N i e m a n n hat 1941 eine Untersuchung dieser Schneckentriebe im VDI-Forschungsheft 412 [1] veröffentlicht. In dieser
Arbeit wurden die Berührungslinien, die nach der hydrodynamischen Schmiertheorie übertragbare Leistung, sowie der Leistungsverlust und die nach der H e r t z 'schen Theorie übertragbare Leistung bestimmt. Die Untersuchung zeigte, daß die
Leistung wesentlich gesteigert und die Verluste verringert
werden können, wenn für die Schnecke Hohlprofile anstelle der
üblichen geradlinigen Profile gewählt werden. Die Untersuchung
ist größtenteils graphisch durchgeführt; mit Hilfe weniger,
aber geschickt gewählter Beispiele sind die Eigenschaften der
verschiedenen Schneckenprofile und die Einflüsse weiterer konstruktiver Maßnahmen untersucht.

Es erscheint wünschenswert, diese Untersuchungen genauer mit
Hilfe analytischer Berechnungen und schärferer Bestimmung der
auftretenden Integrale zu wiederholen. Dieses Ziel verfolgt
die vorliegende Arbeit. Durch zahlreichere durchgerechnete
Fälle wird ein vollständiges Bild der verschiedenen konstruktiven Einflüsse gefunden und in Diagrammen dargestellt.

Als Aufgabe stellen wir hiermit fest:
1. Die Untersuchung des Zylinder-Schneckentriebes nach der
   hydrodynamischen Schmiertheorie zwecks Feststellung der
   übertragbaren Kräfte und des auftretenden Leistungsver-
   lustes.
2. Die Untersuchung des Zylinder-Schneckentriebes nach der
   H e r t z 'schen Theorie.

- 8 -

Allgemein erfolgt die Berührung zwischen den Gängen der
Schnecke und den Zähnen des Rades auf Linien. Diese Linien
nennen wir Berührungslinien oder kurz <u>B-Linien</u>. Die Gesamt-
heit aller dieser Linien bildet die Eingriffsfläche des
Schneckentriebes. Sie ist im allgemeinen eine räumliche,
gekrümmte Fläche.

Für ein kurzes Stück $d\ell$ der B-Linie ersetzen wir die sich berührenden Körper durch 2 Walzen. Die Mitte des kurzen Linien-
stückes ist der untersuchte Berührungspunkt oder <u>B-Punkt</u>.

Wir legen in diesem Punkte eine Schnittebene senkrecht zur
B-Linie. In dieser Schnittebene erhalten wir die Krümmungs-
halbmesser ϱ_{N1} und ϱ_{N2} der Schneckenflanke und der Zahnflanke.
Das sind die Halbmesser der beiden Ersatzwalzen. Für konvexe
Walzen werden ϱ_{N1} und ϱ_{N2} positiv angenommen. Die beiden Walzen
werden weiter durch eine Ebene und <u>eine</u> Walze ersetzt, die den
Krümmungshalbmesser ϱ_N hat; ϱ_N finden wir aus der Gleichung
$\varrho_N^{-1} = \varrho_{N1}^{-1} + \varrho_{N2}^{-1}$. Der Krümmungshalbmesser dieser Ersatzwalze charakterisiert die Form des Spaltes zwischen den Flanken
bei der hydrodynamischen Untersuchung und die Form der Berührung bei der Untersuchung nach der H e r t z 'schen Theorie.

Die beiden sich berührenden Oberflächen haben jeweils eine Geschwindigkeit relativ zum Längenelement $d\ell$ der B-Linie. Normal
zur B-Linie hat die eine Fläche die Geschwindigkeit w_1, die
andere die Geschwindigkeit w_2. Die Summe beider Geschwindigkeiten bezeichnen wir mit w_N. Es ist also $w_N = w_1 + w_2$. Die
Differenz beider Geschwindigkeiten $w_1 - w_2 = w_D$ ist die Geschwindigkeit der einen Fläche relativ zur anderen normal zur
B-Linie. Die Geschwindigkeit der einen Fläche relativ zur anderen Fläche <u>in</u> Richtung der B-Linie bezeichnen wir mit w_B.

Im Falle einer Kraftübertragung nach der hydrodynamischen
Schmiertheorie entsteht durch die Flankenbewegung und durch
die Zähigkeit ζ des Schmiermittels im Spalte zwischen den
Flanken ein Schmierdruck. Die daraus resultierende Schmier-
kraft $P\,d\ell$ wirkt praktisch an der engsten Stelle normal zu den
Flanken der Zähne. Sie drückt die Flanken von Schnecke und Rad
soweit auseinander, daß längs der B-Linie ein Schmierspalt s

entsteht. Dieser Schmierspalt kann so groß werden, daß im Schneckentriebe die allgemein bei Getrieben erwünschte flüssige Reibung während des Laufes überall entsteht.

Im Längenelement $d\ell$ der B-Linie entsteht nach der hydrodynamischen Theorie die Normalkraft [2]

$$dP = 2{,}45 \frac{\varrho_N \ w_N \ \xi \ d\ell}{s} \tag{1}$$

Diese Kraft wirkt senkrecht auf die Flanken von Schnecke und Rad im B-Punkt. Eine in diesem Punkte beide Flanken berührende Ebene nennen wir Berührungsebene oder B-Ebene. Sie bildet mit der Stirnebene der Schnecke, die senkrecht zur Schneckenachse liegt, den Winkel τ. Die Normalkraft dP wirkt senkrecht zur B-Ebene. In Richtung der Schneckenachse wirkt dann die Axialkomponente dA der Normalkraft dP:

$$dA = dP \cos \tau = 2{,}45 \frac{\varrho_N \ w_N \ \xi \ d\ell}{s} \cos \tau \tag{2}$$

Verschieben wir bei festgehaltenem Rad die Schnecke in axialer Richtung um die Länge s_{axial}, so entsteht für alle Punkte einer B-Linie der gleiche Axialspalt s_{axial}; normal zur B-Ebene aber ist der so entstandene Spalt s abhängig vom Neigungswinkel τ der B-Ebene zur Stirnebene der Schnecke. Es ist

$$s_{axial} = \frac{s}{\cos \tau} = \frac{s_{min}}{\cos \tau_{max}} \tag{3}$$

An der Stelle, wo $\cos \tau$ am kleinsten wird, wo also τ zum Maximum wird, nimmt der Spalt s seinen Kleinstwert s_{min} an.

In Gleichung (3) ist der Zusammenhang zwischen dem örtlich verschieden großen Spalt s und dem kleinsten Spalt s_{min} gegeben Damit wird die hydrodynamische Axialkraft für _eine_ B-Linie

$$A_1 = 2{,}45 \ \xi \ \frac{\cos \tau_{max}}{s_{min}} \int \varrho_N \ w_N \ d\ell \tag{4}$$

Nach der hydrodynamischen Theorie entsteht je Längenelement $d\ell$ der B-Linie die Verlustleistung (2), (1)

$$dL_V = 2{,}3 \ \xi \ \sqrt{\frac{\varrho_N}{s}} \ (w_N{}^2 + 1{,}238 \ w_D{}^2 + 1{,}238 \ w_B{}^2) \ d\ell \tag{5*}$$

Wir ersetzen das örtlich veränderliche s wieder nach Gl. (3)
durch s_{min} und erhalten für die entlang _einer_ B-Linie entstehende hydrodynamische Verlustleistung

$$L_{V1} = 2,3 \, \xi \, \sqrt{\frac{\cos \tau_{max}}{s_{min}}} \int \sqrt{\frac{\varrho_N}{\cos \tau}} \left[w_N^2 + 1,238 \, (w_D^2 + w_B^2) \right] d\ell$$

$$(6)$$

Da aber im allgemeinen nicht nur _ein_ Zahn des Rades, also _eine_
B-Linie im Eingriff ist, sind durch Summation die Anteile aller gleichzeitig im Eingriff befindlichen B-Linien zu berücksichtigen. Die gesamte hydrodynamische Axialkraft für eine Getriebestellung ist also

$$A = \sum_{B-Linien} A_1$$

analog dazu ist

$$L_V = \sum_{B-Linien} L_{V1}$$

Reicht die Schmierdruckbildung zwischen den Flanken von
Schneckengang und Radzahn zur Bildung eines genügend großen
Schmierspaltes nicht aus, so läuft das Getriebe im Zustande
gemischter Reibung. Beim An- und Auslaufen unter Last und bei
stark belasteten Langsamläufern tritt dieser Zustand allgemein
auf.

Um diese Fälle zu beurteilen, untersuchen wir die Kräfte im
Getriebe, die sich nach der H e r t z 'schen Theorie ergeben.

Die Walzenpressung wird

$$K_H = \frac{P_H}{2 \, \varrho_N} \qquad\qquad (7)$$

Hierin ist P_H die Normalkraft je Längeneinheit der B-Linie
beim Aneinanderpressen zweier Walzen.

Die größte örtliche Flächenpressung nach der H e r t z 'schen
Theorie ist

$$P_H = \sqrt{K_H \, \frac{E}{2,86}} \qquad\qquad (8)$$

mit $E = \dfrac{2\,E_1\,E_2}{E_1 + E_2}$, wobei E_1 und E_2 die Elastizitätszahlen der Werkstoffe von Schnecke und Radkranz sind. Die Normalkraft dP_H aus der Walzenpressung ist also je Längenelement $d\ell$ der B-Linie

$$dP_H = 2\,K_H\,\varrho_N\,d\ell \qquad\qquad (9)$$

Die Axialkomponente dieser Normalkraft ist

$$dA_H = dP_H \cos\tau = 2\,K_H\,\varrho_N\,d\ell \ \cos\tau \qquad\qquad (10)$$

Die Axialkraft A_H der Schnecke wird also für <u>eine</u> B-Linie

$$A_{H_1} = 2\,K_H \int \varrho_N \cos\tau\, d\ell \qquad\qquad (11)$$

Hierbei ist angenommen, daß die Walzenpressung K_H längs der B-Linien konstant ist. Diese Vereinfachung entspricht der Vorstellung, daß bei ungleicher Walzenpressung längs der B-Linien Stellen höherer Walzenpressung so lange stärker verschleißen, bis ein Ausgleich eingetreten ist. Die Axialkraft für alle B-Linien wird wieder

$$A_H = \sum_{\text{B-Linien}} A_{H_1}$$

<u>B. Allgemeine Darstellung und Bezeichnungen</u>

Bild 1 zeigt einen beliebigen Zylinderschneckentrieb. Die rechtsgängige Schnecke mit der Gangzahl z_1 liegt oben und das Rad mit der Zähnezahl z_2 unten. Der Drehsinn der Schnecke ist eingezeichnet. Wir betrachten den Seitenriß in Bild 1b. Beim Antrieb durch die Schnecke drückt die rechte Flanke des Schneckenganges auf die linke Flanke des Radzahnes. Der Radzahn wandert von links nach rechts durch das gemeinsame Gebiet von Rad und Schnecke hindurch. Die Projektion dieses Gebietes auf die Stirnansicht der Schnecke, die im Aufriß des Getriebes (Bild 1a) erscheint, bezeichnen wir als <u>Zahnfeld</u>. Wir begrenzen es folgendermaßen:

1. durch den Außenkreis der Schnecke;

2. durch die Projektion der Außenbegrenzung des Rades auf
   die Stirnebene der Schnecke. Diese Begrenzung besteht
   aus 3 Linien:
   a) dem Erzeugungskreis des Globoidkörpers des Rades,
   b) den Erzeugungsgeraden der zylindrischen Außenbegren-
      zung des Rades anschließend an den Erzeugungskreis und
   c) den beiden Geraden zur seitlichen Begrenzung des Rades.

Ersetzen wir die unter b) und c) angegebene seitliche Begrenzung des Zahnfeldes durch zwei Halbmesser der Schnecke ohne
die Größe der Zahnfeldfläche zu ändern, so bilden diese Halbmesser mit der Zentrale den Winkel δ .

Die kürzeste Verbindungslinie von Rad- und Schneckenachse ist
die <u>Zentrale</u>. Der Abstand zwischen beiden Achsen ist der Achsabstand a.

Bei unseren Untersuchungen lassen wir die eingezeichneten
Kopfspiele beim Rade und bei der Schnecke fort. Die Höhe des
Schneckenzahnes ist gleich 2 m (m = Modul) gewählt. Der mitt-
lere Halbmesser des Schneckenzahnes ist r_m. Der Halbmesser des
Kopfkreises wird dann $r_a = r_m + m$ und der Halbmesser des Fuß-
kreises $r_i = r_m - m$. Die Teilung der Schnecke in axialer Rich-
tung ist $t = m \cdot \pi$. Sie ist gleich der Teilung des Rades im
Wälzkreis mit dem Halbmesser $r_{o2} = \frac{1}{2} m \cdot z_2$.

Für die mathematische Behandlung verwenden wir das in Bild 1
eingezeichnete rechtwinklige Koordinatensystem x y z bzw. das
Zylinderkoordinatensystem r ϑ z. Zwischen beiden Systemen be-
stehen die Beziehungen

$$x = r \cos \vartheta; \qquad y = r \sin \vartheta$$
$$r = x^2 + y^2; \qquad \operatorname{tg} \vartheta = \frac{y}{x}$$

C. Untersuchungsplan

Dieser Abschnitt bringt erklärende und begründende Angaben über
den Aufbau der vorliegenden Arbeit und über den Inhalt der folgenden Teile.

Zunächst erfolgt in Teil II die theoretische Untersuchung des allgemeinen Zylinderschneckentriebes. Der Verlauf der B-Linien, die Flankenschmiegung, die Gleit- und Wälzgeschwindigkeiten werden analytisch ermittelt und daraus die Schmierdruckbildung, die hydrodynamische Verlustleistung und die Walzenpressung gefunden. Die rechnerische Untersuchung dieses allgemeinen Falles ist jedoch ziemlich umfangreich. Es können daher nur eine begrenzte Anzahl von Fällen untersucht werden. So werden insbesondere Schnecken mit mittlerer und größerer Steigung untersucht.

Wesentliche Vereinfachungen bringt die Untersuchung eines Sonderfalles, des Schneckentriebes ohne Steigung im Teil III. Die Schnecke ohne Steigung ist zwar ein praktisch bedeutungsloser Rotationskörper, aber sie eignet sich gut zur Beurteilung von Schnecken mit geringer Steigung. Schneckentriebe mit geringer Steigung, also großem Übersetzungsverhältnis i, sind aber von praktischer Bedeutung. Die geometrischen Verhältnisse der Zylinderschnecke ohne Steigung ermöglichen die Aufstellung einer einfacheren Theorie und die Berechnung einer größeren Anzahl von Beispielen. So kann man hieraus eine gute Übersicht über die Einflüsse der verschiedenen konstruktiven Maßnahmen erhalten.

Bei der Drehung einer Schnecke mit Steigung bewegen sich die Profile des mittleren Achsialschnittes sowie aller dazu parallelen Schnitte der Schnecke in Richtung der Schneckenachse. Bei der Schnecke ohne Steigung fehlt diese Bewegung. Es erfolgt nur eine Drehung des Schneckenkörpers um seine Achse. Wir müssen darum annehmen, daß der Schneckenkörper außerdem unendlich langsam in Längsrichtung verschoben wird, so daß wir auch mit der Schnecke ohne Steigung verschiedene Getriebestellungen erhalten.

Im Interesse eines geringen Aufwandes an Rechenarbeit und einer guten Übersicht ist es günstig, eine jede Schnecke zunächst für den Fall einer unendlich großen Radzähnezahl zu untersuchen und den Einfluß der endlichen Radzähnezahl getrennt zu behandeln.

Folgende Profilformen des axialen Mittelschnittes der Schnecke werden untersucht:

- 14 -

   a) Geradlinienprofil

   b) Hohlkreisprofil nach G. N i e m a n n .

Außerdem werden die Einflüsse weiterer konstruktiver Größen
systematisch untersucht.

Zur Beurteilung der Eigenschaften der Getriebe werden in
Teil IV Vergleichswerte abgeleitet.

In Teil V wird für eine bestimmte Schnecke mit Steigung und
für eine bestimmte Schnecke ohne Steigung der Weg zur Berechnung der Vergleichswerte an Hand von zwei Zahlenbeispielen gezeigt.

Alle Ergebnisse der Einzeluntersuchungen sind in Teil VI zu-
sammengefaßt. Die Einflüsse verschiedener konstruktiver Größen werden hier erklärt. Besondere Gütediagramme ermöglichen
die Feststellung der optimalen konstruktiven Maßnahmen. Gegen-
überstellungen zeigen u.a. den Einfluß der Profilform der Zylinderschnecke und damit den Vorteil des Hohlkreisprofiles
nach G. N i e m a n n .

Teil VII schließt in Form eines Anhanges die Arbeit ab. Er
enthält einige längere Ableitungen zur Theorie des allgemeinen
Zylinderschneckentriebes (Teil II). So erklärt es sich, wenn
bisweilen in früheren Teilen auf den Teil VII verwiesen wird.
Die in diesem Teil abgeleiteten Gleichungen sind mit dem Zei-
chen * versehen.

Teil II

Theorie des allgemeinen Zylinderschneckentriebes

A. Grundlagen der Untersuchung

Im Aufriß, Bild 1a, sehen wir die Schnecke in der Stirnansicht. Im Seitenriß, Bild 1b, ist sie in der Längsansicht dargestellt. Wir legen durch die Schnecke längs der Schneckenachse senkrecht zur Radachse eine M-Ebene (Mittelschnittebene), parallel dazu eine P-Ebene (Parallelschnittebene) und im Winkel ϑ zur M-Ebene eine Radialebene. Im Bild 1a erscheinen diese Ebenen als gerade Linien; die Linie, die der Radialebene entspricht, ist die Radiale unter dem Winkel ϑ .

In der M-Ebene erhalten wir als Schnitt der Schnecke das Profil einer Zahnstange, kurz das M-Profil der Schnecke, und als Schnitt des Schneckenrades das Profil eines Zahnrades, kurz das M-Profil des Rades. Diese Profile sind in Bild 2 nochmals größer aufgezeichnet. Die Wälzgerade W_1 der Zahnstange (Schnecke) und der Wälzkreis W_2 des Rades mit dem Halbmesser r_{o2} berühren sich im Wälzpunkt C_M.

Dreht sich die treibende Schnecke mit der in Bild 1b eingezeichneten Winkelgeschwindigkeit ω_1, so verschiebt sich die Zahnstange in der M-Ebene mit der Geschwindigkeit $v_2 = \omega_1 \frac{h}{2\pi}$ nach rechts, worin h die Ganghöhe der Schnecke ist.

Ebenso wie in der M-Ebene erscheint in jeder P-Ebene als Schnittprofil der Schnecke und des Schneckenrades eine Zahnstange und ein Zahnrad mit denselben Wälzlinien W_1 und W_2, aber mit anderen Flankenprofilen. Diese Flankenprofile nennen wir P-Profile der Schnecke und P-Profile des Rades.

Der Wälzpunkt C_M der M-Ebene und die Wälzpunkte C der P-Ebenen liegen auf einer gemeinsamen Geraden, der Wälzachse, die parallel zur Radachse ist, Bild 1a. Der Halbmesser r_{o2} des Radwälzkreises W_2 und die Geschwindigkeit v_2 sind somit für alle M- und P-Ebenen gleich groß.

Ist das M-Profil der Schnecke bekannt, so kann hieraus das P-Profil gefunden werden, da beide Profile Schnittlinien durch eine Schraubenfläche sind.

Für den Mittelschnitt sei das Profil der Schraubenfläche durch $z_M = f(r)$ gegeben. Dann ist die Gleichung der Schraubenfläche:

$$z = f(r) - \frac{h}{2\pi} \vartheta \tag{12}$$

Bild 3a zeigt das M-Profil einer Schnecke mit Geradlinienprofil. Der Neigungswinkel dieses Profiles ist α_M. Hiermit ist

$$z_M = f(r) = r \, \operatorname{tg} \alpha_M \tag{13}$$

und

$$\operatorname{tg} \alpha_M = \text{const}$$

Bild 3b zeigt das M-Profil einer Schnecke mit Hohlkreisprofil. Der Krümmungshalbmesser dieses Profiles ist ϱ_M. ϱ_M ist beim Hohlkreisprofil positiv. Der Abstand des Krümmungsmittelpunktes von der Schneckenachse ist k. Hiermit ist

$$z_M = f(r) = \sqrt{\varrho_M^2 - (k - r)^2} \tag{14}$$

und

$$\operatorname{tg} \alpha_M = \frac{k - r}{\sqrt{\varrho_M^2 - (k - r)^2}} \tag{15}$$

Wir setzen in Gl.(12) $r = \sqrt{x^2 + y^2}$ und $\vartheta = \operatorname{arc} \operatorname{tg} \frac{y}{x}$ ein:

$$z = f\left(\sqrt{x^2 + y^2}\right) - \frac{h}{2\pi} \operatorname{arc} \operatorname{tg} \frac{y}{x} \tag{16}$$

Wählen wir für $y \neq 0$ einen bestimmten Wert, so erhalten wir hiermit die Gleichung des P-Profiles der Schnecke.

Ist das M-Profil der Schnecke im Punkt B_M in Bild 1a, also der Profilwinkel α_M und der Krümmungshalbmesser ϱ_M bekannt, so erhält man für das P-Profil im entsprechenden Punkt B mit demselben r den Profilwinkel α und den Krümmungshalbmesser ϱ_1 aus den Gleichungen

$$tg \; \alpha \; = \frac{\partial z}{\partial x} = tg \; \alpha_M \; \cos \vartheta \; + \; tg \; \gamma \; \sin \vartheta \qquad (17^*)$$

$$\frac{1}{\varrho_1} = - \cos^3 \alpha \; \frac{\partial^2 z}{\partial x^2}$$

$$= \cos^3 \alpha \; (\frac{\cos^2 \vartheta}{\cos^3 \alpha_M \; \varrho_M} - \frac{tg \; \alpha_M \; \sin^2 \vartheta}{r} + 2 \; \frac{tg \; \gamma \; \sin \vartheta \cos \vartheta}{r}) \quad (18^*)$$

Hierin ist γ der Steigungswinkel der durch den Punkt B gehenden Schraubenlinie, wie in Bild 1b angegeben; γ folgt aus der Gleichung

$$tg \; \gamma \; = \frac{h}{2 \, \pi \, r} \qquad (19)$$

Die Krümmungshalbmesser ϱ_M und ϱ_1 sind positiv, wenn die zugehörigen Schneckenprofile konkav sind.

B. Berührungslinien

a) Bestimmung

Die Berührungslinien (B-Linien) sind räumliche Linien. Zur Darstellung wählen wir ihre Projektion auf die Stirnebene der Schnecke. In dieser Projektion werden die B-Linien berechnet.

In jeder Stellung der Zahnstangen der einzelnen P-Schnitte sind diejenigen Punkte im Eingriff, deren Profilnormalen durch die Wälzpunkte C gehen.

Gl.(16) liefert für einen bestimmten Wert y $\neq$ 0 die Gleichung des P-Profiles der Schnecke. Den Neigungswinkel α dieses P-Profiles liefert Gl.(17*). Wir verschieben jetzt alle Profile um die Strecke d nach links; d kennzeichnet dann die Lage aller Profile zum Wälzpunkt C. Wir können in Gedanken aber auch alle Profile unverschoben lassen und dafür die Wälzpunkte um die Strecke d nach rechts verschieben. Dann haben nach Bild 4 die Eingriffspunkte die Gleichung

$$d = - z + \frac{r_{o1} - x}{tg \; \alpha} \qquad (20)$$

- 18 -

Diese Gleichung gibt mit der Gleichung der Schraubenfläche
(Gl.(12)) für einen konstanten Wert d die Berührungslinie im
Raume. Beseitigen wir z aus beiden Gleichungen, so erhalten
wir die Gleichung der B-Linie in der Stirnansicht der Schnecke.
Mit Gl.(12) ist also

$$d = - f(r) + \vartheta \frac{h}{2\pi} + \frac{r_{o1} - r \cos \vartheta}{\operatorname{tg} \alpha_M \cos \vartheta + \operatorname{tg} \gamma \sin \vartheta} \tag{21}$$

Bei der Schnecke mit <u>Geradlinienprofil</u> entsteht mit Gl.(13)

$$z_M = f(r) = r \operatorname{tg} \alpha_M$$

die Gleichung

$$r^2 + r \left\{ \frac{r_{o1} \cos^2 \alpha_M}{\cos \vartheta} + \left[(\vartheta \frac{h}{2\pi} - d) - \frac{h}{2\pi} \operatorname{tg} \vartheta \right] \frac{\sin 2\alpha_M}{2} \right\}$$

$$- \frac{h}{2\pi} (\vartheta \frac{h}{2\pi} - d) \cos^2 \alpha_M \operatorname{tg} \vartheta = 0 \tag{22}$$

Diese Gleichung 2. Grades liefert die B-Linien des Zylinderschneckentriebes mit Geradlinienprofil in der Stirnansicht der
Schnecke. Für eine gewählte Zahnstangenstellung d werden einige Werte ϑ angenommen und die zugehörigen Halbmesser r berechnet.

Bei der Schnecke mit Hohlkreisprofil erhalten wir mit Gl.(14)

$$z_M = f(r) = \sqrt{\varrho_M{}^2 - (k - r)^2}$$

zur Bestimmung der B-Linien in der Stirnansicht der Schnecke
die Gleichung

$$d = \vartheta \frac{h}{2\pi} - \sqrt{\varrho_M{}^2 - (k - r)^2}$$

$$+ \frac{2\pi r (r_{o1} - r \cos \vartheta) \sqrt{\varrho_M{}^2 - (k - r)^2}}{2\pi r (k - r) \cos \vartheta + h \sin \vartheta \sqrt{\varrho_M{}^2 - (k - r)^2}} \tag{23}$$

Nach dieser Gleichung wird für verschiedene angenommene Werte
ϑ der Verlauf von d als Funktion von r berechnet und aufgezeichnet. Dann werden für bestimmte Werte d die zugehörigen
Werte r ermittelt und die Punkte für d = const in das Zahnfeld
eingetragen. Die Linie d = const ist eine B-Linie.

b) Schnittpunkt aller B-Linien

Wird für einen Punkt in der Gleichung der Eingriffspunkte (Gl.(20)) Zähler und Nenner gleich Null, so kann d jeden Wert annehmen. Alle B-Linien gehen dann durch diesen Punkt. Die Bedingungen für einen solchen Punkt lauten also

$$r_{o1} - x = 0$$
$$\operatorname{tg} \alpha = 0$$

Die erste Bedingung besagt, daß der Punkt auf der Wälzachse liegt.

Beim <u>Geradlinienprofil</u> liefert mit Gl.(17[*]) die zweite Bedingung die Beziehung

$$\operatorname{tg} \alpha = \operatorname{tg} \alpha_M \cos \vartheta + \operatorname{tg} \gamma \sin \vartheta = 0$$

Mit

$$\operatorname{tg} \gamma = \frac{h}{2 \pi r} \tag{19}$$

wird

$$2 \pi r \operatorname{tg} \alpha_M \cos \vartheta + h \sin \vartheta = 0$$

Da $r_{o1} - r \cos \vartheta = 0$ ist, so erhalten wir für $\vartheta = \vartheta_o$ des Schnittpunktes die Gleichung

$$\sin \vartheta_o = - \frac{2 \pi \, r_{o1} \, \operatorname{tg} \alpha_M}{h} \tag{24}$$

Wir erhalten einen Schnittpunkt aller B-Linien, falls die rechte Seite dieser Gleichung absolut kleiner als 1 wird. Seine Lage auf der Wälzachse ist durch den berechneten Wert von $\sin \vartheta_o$ gegeben.

Wir ermitteln den Schnittpunkt der B-Linien beim Hohlkreisprofil. Nach der 2. Bedingung ist mit Gl.(17[*])

$$\operatorname{tg} \alpha = \operatorname{tg} \alpha_M \cos \vartheta + \operatorname{tg} \gamma \sin \vartheta = 0$$

Mit

$$\operatorname{tg} \alpha_M = \frac{k - r}{\sqrt{\varrho_M^2 - (k - r)^2}} \tag{15}$$

- 20 -

und

$$\text{tg } \gamma = \frac{h}{2\pi r} \tag{19}$$

wird

$$\text{tg } \alpha = \frac{k - r}{\sqrt{\varrho_M^2 - (k - r)^2}} \cos \vartheta + \frac{h}{2\pi r} \sin \vartheta = 0$$

Die Linie tg α = 0 ist damit in Polarkoordinaten r ϑ gegeben durch:

$$\text{tg } \vartheta = - \frac{2\pi r (k - r)}{h \sqrt{\varrho_M^2 - (k - r)^2}} \tag{25}$$

Die Schnittpunkte der danach ermittelten Linie tg α = 0 mit der Wälzachse sind die Schnittpunkte aller B-Linien in der Stirnansicht der Schnecke mit Hohlkreisprofil.

c) Neigung der B-Linie

In der weiteren Untersuchung benötigen wir den Neigungswinkel ν der B-Linie in der Stirnansicht der Schnecke. ν ist der Winkel zwischen B-Linie und der zugehörigen Radialen des B-Punktes. In Bild 1a ist ν für einen B-Punkt eingetragen.

In der allgemeinen Gleichung der B-Linien (Gl.(20)) erhalten wir für jedes d eine andere Gleichung für x und y. Ändern wir x um dx und y um dy, so ändert sich d ebenfalls um ein Differential. Setzen wir diese differentielle Änderung von d gleich Null, so bleiben wir auf derselben B-Linie. So erhalten wir die Differentialgleichung der B-Linie. Nach Gl.(17[*]) ist tg $\alpha = \frac{\partial z}{\partial x}$. Hiermit wird

$$\frac{\partial}{\partial x}\left(- z + \frac{r_{o1} - x}{\frac{\partial z}{\partial x}}\right) dx + \frac{\partial}{\partial y}\left(- z + \frac{r_{o1} - x}{\frac{\partial z}{\partial x}}\right) dy = 0 \tag{26}$$

$$\left(- \frac{\partial z}{\partial x} - \frac{1}{\frac{\partial z}{\partial x}} - \frac{r_{o1} - x}{(\frac{\partial z}{\partial x})^2} \frac{\partial^2 z}{\partial x^2}\right) dx + \left(\frac{\partial z}{\partial y} - \frac{r_{o1} - x}{(\frac{\partial z}{\partial x})^2} \frac{\partial^2 z}{\partial x \partial y}\right) dy = 0$$

$$\tag{27}$$

Wir drücken die Ableitungen $\frac{\partial z}{\partial y}$ und $\frac{\partial^2 z}{\partial x \, \partial y}$ durch Ableitungen nach x aus. Dazu differentiieren wir Gl.(12) partiell. Nach Abschnitt VII A erhalten wir

$$\frac{\partial z}{\partial x} = \frac{\partial f(r)}{\partial r} \frac{x}{r} + \frac{h}{2\pi} \frac{y}{x^2 + y^2}$$

und analog dazu

$$\frac{\partial z}{\partial y} = \frac{\partial f(r)}{\partial r} \frac{y}{r} - \frac{h}{2\pi} \frac{x}{x^2 + y^2}$$

Wir ersetzen $\frac{\partial f(r)}{\partial r}$ durch $\frac{\partial z}{\partial x}$ und erhalten

$$\frac{\partial z}{\partial y} = \left(\frac{\partial z}{\partial x} - \frac{h}{2\pi} \frac{y}{x^2 + y^2}\right) \frac{y}{x} - \frac{h}{2\pi} \frac{x}{x^2 + y^2} = \frac{\partial z}{\partial x} \frac{y}{x} - \frac{h}{2\pi} \frac{1}{x}$$

Weiter wird

$$\frac{\partial^2 z}{\partial x \, \partial y} = \frac{\partial}{\partial x} \left(\frac{\partial z}{\partial y}\right) = \frac{y}{x} \frac{\partial^2 z}{\partial x^2} - \frac{y}{x^2} \frac{\partial z}{\partial x} + \frac{1}{x^2} \frac{h}{2\pi}$$

Mit diesen Größen wird die Differentialgleichung der B-Linie

$$\left[- \frac{\partial z}{\partial x} - \frac{1}{\frac{\partial z}{\partial x}} - \frac{r_{o1} - x}{\left(\frac{\partial z}{\partial x}\right)^2} \frac{\partial^2 z}{\partial x^2} \right] dx$$

$$+ \left[- \frac{y}{x} \frac{\partial z}{\partial x} + \frac{h}{2\pi} \frac{1}{x} - \frac{r_{o1}-x}{\left(\frac{\partial z}{\partial x}\right)^2} \left(\frac{y}{x} \frac{\partial^2 z}{\partial x^2} - \frac{y}{x^2} \frac{\partial z}{\partial x} + \frac{1}{x^2} \frac{h}{2\pi}\right) \right] dy = 0 \tag{28}$$

Nach Bild 5 ist

$$\operatorname{tg}(\vartheta + \nu) = \frac{dy}{dx} \tag{29}$$

Hierin ist $\frac{dy}{dx}$ durch Gl.(28) gegeben und wir erhalten

$$\operatorname{tg}(\vartheta + \nu) = \frac{\dfrac{\partial z}{\partial x} + \dfrac{1}{\frac{\partial z}{\partial x}} + \dfrac{r_{o1}-x}{\left(\frac{\partial z}{\partial x}\right)^2} \dfrac{\partial^2 z}{\partial x^2}}{\left[- \dfrac{y}{x} \dfrac{\partial z}{\partial x} + \dfrac{h}{2\pi} \dfrac{1}{x} - \dfrac{r_{o1}-x}{\left(\frac{\partial z}{\partial x}\right)^2} \left(\dfrac{y}{x} \dfrac{\partial^2 z}{\partial x^2} - \dfrac{y}{x^2} \dfrac{\partial z}{\partial x} + \dfrac{1}{x^2} \dfrac{h}{2\pi}\right) \right]}$$

Wir schreiben $x = r \cos \vartheta$ und $y = r \sin \vartheta$. Nach Gl.(17*) ist

- 22 -

$$\frac{\partial z}{\partial x} = \operatorname{tg} \alpha \; . \text{ Es ist also}$$

$$\frac{\partial z}{\partial x} + \frac{1}{\dfrac{\partial z}{\partial x}} = \frac{1}{\sin \alpha \; \cos \alpha}$$

Weiter ist nach Gl.(18*)

$$\frac{\partial^2 z}{\partial x^2} = - \frac{1}{\varrho_1 \cos^3 \alpha}$$

und nach Gl.(19)

$$\operatorname{tg} \gamma = \frac{h}{2 \pi r}$$

Mit diesen Größen wird

$$\operatorname{tg} (\vartheta + \nu)$$

$$= \frac{\varrho_1 \sin \alpha - (r_{o1} - r \cos \vartheta)}{\varrho_1 \sin^2\alpha \cos\alpha \left[-\operatorname{tg}\alpha\operatorname{tg}\vartheta + \dfrac{\operatorname{tg}\gamma}{\cos\vartheta} - \dfrac{r_{o1} - r \cos\vartheta}{\operatorname{tg}^2\alpha} \left(- \dfrac{\operatorname{tg}\vartheta}{\varrho_1 \cos^3\alpha} - \dfrac{\operatorname{tg}\alpha\operatorname{tg}\vartheta}{r \cos\vartheta} + \dfrac{\operatorname{tg}\gamma}{r \cos^2\vartheta} \right) \right]}$$

Nach Umformung des Klammerausdruckes im Nenner und nach Division von Zähler und Nenner durch ϱ_1 wird

$$\operatorname{tg}(\vartheta + \nu) = \frac{\sin \alpha - \left(\dfrac{r_{o1} - r \cos\vartheta}{\varrho_1} \right)}{\sin^2\alpha \cos \alpha \left[\dfrac{r_{o1}}{\varrho_1} \dfrac{\operatorname{tg}\vartheta}{\cos\alpha} - \dfrac{r_{o1} - \dfrac{r \cos\vartheta}{\cos^2\alpha}}{\operatorname{tg}^2\alpha} \left(- \dfrac{\operatorname{tg}\vartheta}{\varrho_1 \cos\alpha} - \dfrac{\operatorname{tg}\alpha\operatorname{tg}\vartheta}{r \cos\vartheta} + \dfrac{\operatorname{tg}\gamma}{r \cos^2\vartheta} \right) \right]}$$

$$(30)$$

Nach dieser Gleichung kann die Neigung der B-Linie im B-Punkt für alle Zylinderschnecken berechnet werden.

C. Bestimmung von ϱ_N

Der reziproke Krümmungshalbmesser ϱ_2 des P-Profiles des Schneckenrades ist

$$\frac{1}{\varrho_2} = \frac{r_{o2} \sin \alpha + \varrho_1 - a_o}{\varrho_1 \, r_{o2} \sin \alpha + a_o \, (\varrho_1 - a_o)} \qquad (31^*)$$

Dann ist der Krümmungshalbmesser der Ersatzwalze <u>in der P-Ebene</u>
gemäß $\varrho^{-1} = \varrho_2^{-1} - \varrho_1^{-1}$

$$\varrho = \frac{r_{o2} \, \sin \alpha + a_o \, (1 - \frac{a_o}{\varrho_1})}{(1 - \frac{a_o}{\varrho_1})^2} \tag{32*}$$

ϱ_2 ist positiv, wenn das P-Profil des Rades konvex ist; ϱ_1 ist
positiv, wenn das P-Profil der Schnecke konkav ist. Nach Bild 4
ist

$$a_o = \frac{r_{o1} - r \, \cos \vartheta}{\sin \alpha} \tag{33}$$

mit r_{o1} als Abstand der Wälzgeraden W_1 von der Schneckenachse.
a_o ist positiv, wenn der B-Punkt oberhalb der Wälzgeraden W_1
liegt.

Ist das M-Profil der Schnecke gewählt, so können wir für jeden
B-Punkt in einer P-Ebene den Krümmungshalbmesser ϱ bestimmen.
Daraus ist nun der Krümmungshalbmesser ϱ_N für die Ebene zu bestimmen, die <u>senkrecht</u> zur B-Linie liegt. Der Zusammenhang zwischen ϱ und ϱ_N ist im Bilde 6 dargestellt. Hierzu geben wir
folgende Erklärung:

Die Berührung der Zahnflanken im B-Punkt ist gleichwertig der
Berührung einer Ebene und eines Ersatzzylinders. Als Ebene ist
die Berührungsebene im Punkt B zu nehmen. In dieser Ebene liegt
ein Stück der B-Linie. Der Ersatzzylinder mit dem Halbmesser
ϱ_N wird so gelegt, daß er mit einer Mantellinie die B-Ebene
längs der B-Linie berührt.

Die Lotebene zur B-Linie schneidet die B-Ebene in der N-Linie
und den Ersatzzylinder nach einem Kreis vom Halbmesser ϱ_N.
Die N-Linie liegt senkrecht zur B-Linie.

Die P-Ebene schneidet die B-Ebene in der T-Linie. Die Lage der
P-Ebene zur B-Ebene wird durch die Winkel ψ und φ bestimmt.
Hierzu folgende Erklärung:

ψ ist der Winkel zwischen P-Ebene und dem Lote L auf die B-
Ebene; der Winkel zwischen der P-Ebene und der B-Ebene ist

- 24 -

folglich gleich $90^{\circ} - \psi$. Ebenso ist der Winkel zwischen den
Loten auf beide Ebenen gleich $90^{\circ} - \psi$.

φ ist der Winkel zwischen der T-Linie und der N-Linie; der
Winkel zwischen T-Linie und B-Linie ist folglich gleich $90^{\circ} - \varphi$

Der Krümmungshalbmesser ϱ_N liegt in der Lotebene zur B-Linie;
der Krümmungshalbmesser ϱ liegt in der P-Ebene. Die Lotebene
zur B-Linie läßt sich in die P-Ebene überführen, indem sie um
das Lot L um den Winkel φ gedreht und dann um die T-Linie um
den Winkel ψ gekippt wird.

Der Krümmungshalbmesser in der P-Ebene wird

$$\varrho = \varrho_N \frac{\cos \psi}{\cos^2 \varphi}$$

Hieraus folgt, wenn ϱ bekannt ist:

$$\varrho_N = \varrho \frac{\cos^2 \varphi}{\cos \psi} \tag{34*}$$

D. Bestimmung von ψ

Bild 7 zeigt die aus der Bildebene (Stirnebene der Schnecke)
schräg nach vorn austretende B-Ebene für den B-Punkt. Die
Schnittlinie zwischen der B- und der Stirnebene ist die G-
Linie. Der Winkel zwischen beiden Ebenen ist τ . Dieser Winkel
läßt sich durch α_M und γ ausdrücken, da hierdurch die Lage
der B-Ebene festgelegt ist:

$$\operatorname{tg} \tau = \sqrt{\operatorname{tg}^2 \alpha_M + \operatorname{tg}^2 \gamma} \tag{35*}$$

Von der Schneckenachse zum B-Punkt ziehen wir die Radiale R'
und senkrecht dazu im B-Punkt die U'-Linie. Die G-Linie bildet
dann mit der U'-Linie den Winkel δ . Auch dieser Winkel ist
durch α_M und γ bestimmt:

$$\operatorname{tg} \delta = \frac{\operatorname{tg} \gamma}{\operatorname{tg} \alpha_M} \tag{36*}$$

Durch die Winkel δ und τ ist die Lage der B-Ebene zur Stirnebene bestimmt.

Das Lot L auf die B-Ebene schließt mit dem Lot auf die P-Ebene den Winkel $90^{\circ} - \psi$ ein, Bild 6. Die P-Ebene schneidet die Stirnebene in der T'-Linie, Bild 7. Das Lot auf die P-Ebene im B-Punkt liegt in der Bildebene senkrecht zur T'-Geraden. Das Lot L ragt aus der Stirnebene nach vorn heraus. Seine Projektion auf die Stirnebene ist die L'-Linie. Der Winkel zwischen L'-Linie und dem Lote L ist $90^{\circ} - \tau$, siehe Bild 7 links. Der Winkel zwischen der L'-Linie und dem Lote auf die P-Ebene ist $90^{\circ} - (\sigma - \vartheta)$. Derselbe Winkel tritt zwischen der G-Linie und der T'-Linie auf. Hieraus folgt:

$$\cos (90^{\circ} - \psi) = \cos (90^{\circ} - \tau) \cos (90^{\circ} - (\sigma - \vartheta))$$

oder

$$\begin{aligned} \sin \psi &= \sin \tau \ \sin (\sigma - \vartheta) \\ \cos \psi &= \sqrt{1 - \sin^2 \tau \ \sin^2 (\sigma - \vartheta)} \end{aligned} \qquad (37)$$

$\sigma - \vartheta$ ist der Winkel zwischen G-Linie und dem Lot auf die P-Ebene, Bild 7. Er liegt in der Stirnebene der Schnecke.

E. Bestimmung von φ

Der Winkel $90^{\circ} - \varphi$ ist der Winkel zwischen der T- und der B-Linie in der B-Ebene, Bild 6. Diese Geraden erscheinen als Projektion T' und B' auf die Stirnebene in Bild 7. Die G-Linie liegt als Schnittlinie von B- und Stirnebene sowohl in der B-Ebene als auch in der Stirnebene.

Zwischen T'- und G-Linie liegt der Winkel $90^{\circ} - (\sigma - \vartheta)$. Zwischen B'- und G-Linie liegt der Winkel $90^{\circ} - (\sigma + \nu)$. Die Winkel $90^{\circ} - (\sigma - \vartheta)$ und $90^{\circ} - (\sigma + \nu)$ sind die Projektion der in der B-Ebene liegenden Winkel $90^{\circ} - (\sigma - \vartheta)_B$ und $90^{\circ} - (\sigma + \nu)_B$.

Die B-Ebene ist unter dem Winkel τ zur Stirnebene geneigt und schneidet diese in der G-Linie. Somit ist

$$\operatorname{tg} (\sigma - \vartheta)_B = \operatorname{tg} (\sigma - \vartheta) \cos \tau \qquad (38)$$

und

$$\operatorname{tg} (\sigma + \nu)_B = \operatorname{tg} (\sigma + \nu) \cos \tau \qquad (39)$$

- 26 -

Wir finden den Winkel $90^\circ - \varphi$ in der B-Ebene als Differenz
des Winkels zwischen der T- und der G-Linie und des Winkels
zwischen der B- und der G-Linie.

$$90^\circ - \varphi = \left[90^\circ - (\sigma - \vartheta)_B\right] - \left[90^\circ - (\sigma + \nu)_B\right]$$

$$= (\sigma + \nu)_B - (\sigma - \vartheta)_B$$

In der folgenden Ableitung schreiben wir kurz

$$\sigma - \vartheta = \lambda$$

und

$$\sigma + \nu = \mu$$

Hiermit wird:

$$\cos \varphi = \sin (\mu_B - \lambda_B) = (\mathrm{tg}\ \mu_B - \mathrm{tg}\ \lambda_B)\cos \lambda_B \cos \mu_B$$

Nach Gl.(38) ist darin mit $\lambda = (\sigma - \vartheta)$

$$\cos \lambda_B = \frac{1}{\sqrt{1+\mathrm{tg}^2\lambda\cos^2\tau}} = \frac{1}{\cos\tau\sqrt{\dfrac{1}{\cos^2\tau}+\mathrm{tg}^2\lambda}}$$

$$= \frac{1}{\cos\tau\sqrt{1+\mathrm{tg}^2\tau+\mathrm{tg}^2\lambda}} = \frac{1}{\cos\tau\sqrt{\mathrm{tg}^2\tau+\dfrac{1}{\cos^2\lambda}}} = \frac{\cos\lambda}{\cos\tau\sqrt{1+\mathrm{tg}^2\tau\cos^2\lambda}}$$

Es ist also

$$\cos (\sigma - \vartheta)_B = \frac{\cos (\sigma - \vartheta)}{\cos\tau\sqrt{1+\mathrm{tg}^2\tau\ \cos^2(\sigma-\vartheta)}}$$

Analog dazu ist nach Gl.(39) mit $\mu = \sigma + \nu$

$$\cos \mu_B = \frac{\cos \mu}{\cos\tau\sqrt{1+\mathrm{tg}^2\tau\cos^2\mu}} \tag{40}$$

oder

$$\cos (\sigma + \nu)_B = \frac{\cos (\sigma + \nu)}{\cos\tau\sqrt{1+\mathrm{tg}^2\tau\cos^2(\sigma+\nu)}} \tag{41}$$

Es ist damit

$$\cos \varphi = (\operatorname{tg} \mu - \operatorname{tg} \lambda) \, \frac{\cos \lambda \, \cos \mu}{\cos \tau \sqrt{1 + \operatorname{tg}^2 \tau \, \cos^2 \lambda} \, \sqrt{1 + \operatorname{tg}^2 \tau \, \cos^2 \mu}}$$

Mit

$$\operatorname{tg} \mu - \operatorname{tg} \lambda = \frac{\sin (\mu - \lambda)}{\cos \mu \, \cos \lambda}$$

und

$$\mu - \lambda = (\delta + \nu) - (\delta - \vartheta) = \vartheta + \nu$$

wird

$$\cos \varphi = \frac{\sin (\vartheta + \nu)}{\cos \tau \sqrt{1 + \operatorname{tg}^2 \tau \, \cos^2 \lambda} \, \sqrt{1 + \operatorname{tg}^2 \tau \, \cos^2 \mu}}$$

Mit

$$\lambda = \delta - \vartheta, \quad \operatorname{tg} \delta = \frac{\operatorname{tg} \gamma}{\operatorname{tg} \alpha_M} \quad \text{und} \quad \operatorname{tg} \tau = \sqrt{\operatorname{tg}^2 \alpha_M + \operatorname{tg}^2 \gamma}$$

wird

$$\sqrt{1 + \operatorname{tg}^2 \tau \, \cos^2 \lambda} = \sqrt{1 + \operatorname{tg}^2 \alpha} = \cos^{-1} \alpha$$

Hiermit wird mit $\mu = \delta + \nu$

$$\cos \varphi = \frac{\sin (\vartheta + \nu) \, \cos \alpha}{\cos \tau \sqrt{1 + \operatorname{tg}^2 \tau \, \cos^2 (\delta + \nu)}} \tag{42}$$

F. Bestimmung der Geschwindigkeiten w_N, w_D und w_B

Zur Bestimmung der Geschwindigkeiten in einem B-Punkt im Abstand r von der Schneckenachse zerlegen wir die Bewegung der Schneckenflanken

1. in die Axialverschiebung (Verschiebung des Schneckenprofils in der P-Ebene) mit der Geschwindigkeit

$$v_2 = \omega \, \frac{h}{2 \pi} \tag{43}$$

und

2. in die Schraubbewegung mit der Schraubgeschwindigkeit

$$u_1 = \omega \, \frac{r}{\cos \gamma} \tag{44}$$

- 28 -

Bei der Verschiebung des Schneckenprofils in der P-Ebene
(Bild 2) mit der Geschwindigkeit v_2 nach rechts dreht sich
das Gegenprofil (Radprofil) um die Radachse. Hierbei wandert
der B-Punkt auf der Eingriffslinie E nach rechts und damit auf
dem Profil nach unten. Hierdurch ist die Wandergeschwindigkeit
f_1 des B-Punktes auf dem Schneckenprofil und die Wandergeschwindigkeit f_2 des B-Punktes auf dem Radprofil bestimmt:

$$f_1 = v_2 \sin \alpha \; \frac{\varrho_1}{\varrho_1 - a_o} \tag{45*}$$

$$f_2 = f_1 + v_2 \, \frac{a_o}{r_{o2}} \tag{46*}$$

a_o ist durch Gl.(33) gegeben.

Die Geschwindigkeit f_2 ist schon die ganze Geschwindigkeit des
Radprofilpunktes zum B-Punkt, da Profilpunkt und B-Punkt die
P-Ebene nicht verlassen. Für die Schneckenzahnflanke kommt jedoch zur Geschwindigkeit f_1 noch die Schraubgeschwindigkeit u_1
hinzu. Diese Geschwindigkeit liegt in der B-Ebene. Ihre Projektion auf die Stirnebene ist $v_1 = \omega \, r$ und liegt auf der U'-
Linie.

Von Belang sind die Komponenten dieser Geschwindigkeiten in
Richtung der B-Linie und normal dazu. Die Geschwindigkeiten
normal zur B-Linie tragen den Index N; die Geschwindigkeiten
in Richtung der B-Linie tragen den Index B. Hiermit ist

$$w_N = u_{1N} + f_{1N} + f_{2N} \tag{47}$$
$$w_D = u_{1N} + f_{1N} - f_{2N} \tag{48}$$
$$w_B = u_{1B} + f_{1B} - f_{2B} \tag{49}$$

Die Lage von Schraubgeschwindigkeit und Wälzgeschwindigkeiten
in ihrer Projektion auf die Stirnebene der Schnecke zeigt
Bild 8 für einen B-Punkt.

Die Lage dieser Geschwindigkeiten in der B-Ebene, also in wah-
rer Größe, zeigt Bild 9. Es ist

$$u_{1N} = - u_1 \sin \varepsilon \tag{50}$$
$$u_{1B} = u_1 \cos \varepsilon \tag{51}$$

und

$$f_{1N} = f_1 \cos \varphi \tag{52}$$
$$f_{2N} = f_2 \cos \varphi \tag{53}$$
$$f_{1B} = f_1 \sin \varphi \tag{54}$$
$$f_{2B} = f_2 \sin \varphi \tag{55}$$

In Gl.(50/51) ist der Winkel ε zu berechnen. Er liegt in der B-Ebene zwischen der B- und der U-Linie, Bild 9. Die Projektion von ε in die Stirnebene nennen wir ε'. ε' liegt zwischen der B'- und der U'-Linie. Nach Bild 7 ist

$$\varepsilon' = 180^{\circ} - (\sigma + \nu) - (90^{\circ} - \sigma)$$

Hierin ist nach Bild 7

$\sigma + \nu$ der Winkel zwischen der Projektion L' des Lotes L
     auf die B-Ebene im B-Punkt und der B'-Linie
$90^{\circ} - \sigma$ der Winkel zwischen der Projektion L' des Lotes L
     auf die B-Ebene im B-Punkt und der U'-Linie.

Die Winkel ε', $\sigma + \nu$ und $90^{\circ} - \sigma$ liegen in der Stirnebene. Sie sind die Projektion der entsprechenden Winkel ε, $(\sigma + \nu)_B$ und $(90^{\circ} - \sigma)_B$, die in der B-Ebene liegen. Es ist also

$$\varepsilon = 180^{\circ} - (\sigma + \nu)_B - (90^{\circ} - \sigma)_B \tag{56}$$

Hierin ist nach Bild 10

$(\sigma + \nu)_B$ der Winkel zwischen dem Lot auf die G-Linie und
     der B-Linie
$(90^{\circ} - \sigma)_B$ der Winkel zwischen dem Lot auf die G-Linie und
     der U-Linie

Wir berechnen diese Winkel aus ihrer Projektion in die um den Winkel τ zur B-Ebene geneigten Stirnebene. Nach Gl.(39) ist

$$\operatorname{tg} (\sigma + \nu)_B = \operatorname{tg} (\sigma + \nu) \cos \tau$$

Analog dazu ist

$$\operatorname{tg} (90^{\circ} - \sigma)_B = \operatorname{tg} (90^{\circ} - \sigma) \cos \tau = \operatorname{ctg} \sigma \cos \tau \tag{57}$$

- 30 -

Der in den Gl.(52) bis (55) vorkommende Winkel φ ist durch
Gl.(42) gegeben. Wir erhalten also

$$w_N = - \omega \, r_1 \, \frac{\sin \varepsilon}{\cos \gamma} + \cos \varphi \, (f_1 + f_2)$$

Darin ist nach Gl.(45*) und (46*)

$$f_1 = \omega \, \frac{h}{2\pi} \, \sin \alpha \, \frac{\varrho_1}{\varrho_1 - a_o}$$

$$f_2 = f_1 + \omega \, \frac{h}{2\pi} \, \frac{a_o}{r_{o2}}$$

Führt man die Untersuchung für unendliche Zähnezahl z_2 des Rades durch, so wird $r_{o2} = \infty$ und das zweite Glied in Gl.(46*)
fällt fort. Nach Gl.(19) ist $\frac{1}{\cos \gamma} = \frac{1}{\sin \gamma} \, \frac{h}{2\pi \, r}$. Hiermit ist

$$w_N = \omega \, \frac{h}{2\pi} \, (2 \sin \alpha \, \frac{\varrho_1}{\varrho_1 - a_o} \, \cos \varphi - \frac{\sin \varepsilon}{\sin \gamma})$$

Zur weiteren Umformung schreiben wir für den Ausdruck $\dfrac{\varrho_1}{\varrho_1 - a_o}$
mit a_o nach Gl.(33)

$$\frac{\varrho_1}{\varrho_1 - a_o} = \frac{1}{1 - \dfrac{a_o}{\varrho_1}} = \frac{1}{1 - \dfrac{r_{o1} - x}{\varrho_1} \sin \alpha}$$

$$= \frac{1}{\sin \alpha \, \cos \alpha \left[\dfrac{1}{\sin \alpha \, \cos \alpha} + \dfrac{r_{o1} - x}{\sin^2 \alpha} \, \dfrac{\cos^2 \alpha}{(-\varrho_1 \, \cos^3 \alpha)} \right]}$$

Nach Gl.(17*) ist $\operatorname{tg} \alpha = \frac{\partial z}{\partial x}$; nach Gl.(18*) ist $\frac{1}{\varrho_1} = - \cos^3 \alpha \, \frac{\partial^2 z}{\partial x^2}$.
Hiermit wird

$$\frac{\varrho_1}{\varrho_1 - a_o} = \frac{1}{1 - \dfrac{r_{o1} - x}{\varrho_1 \, \sin \alpha}}$$

$$= \frac{1}{\sin \alpha \, \cos \alpha \left[\dfrac{\partial z}{\partial x} + \dfrac{1}{\dfrac{\partial z}{\partial x}} + \dfrac{r_{o1} - x}{\left(\dfrac{\partial z}{\partial x}\right)^2} \, \dfrac{\partial^2 z}{\partial x^2} \right]} \tag{58}$$

Nach Gl.(42) ist

$$\cos \varphi = \frac{\sin (\vartheta + \nu) \cos \alpha}{\cos \tau \sqrt{1 + \mathrm{tg}^2 \tau \cos^2(\vartheta + \nu)}}$$

Nach Gl.(29) ist darin

$$\sin (\vartheta + \nu) = \cos (\vartheta + \nu) \frac{dy}{dx}$$

Der Quotient $\frac{dy}{dx}$ ist durch die Differentialgleich der B-Linie Gl.(28) gegeben. Damit wird

$$\sin (\vartheta + \nu) = \frac{\left[\frac{\partial z}{\partial x} + \frac{1}{\frac{\partial z}{\partial x}} + \frac{r_{o1} - x}{(\frac{\partial z}{\partial x})^2} \frac{\partial^2 z}{\partial x^2}\right] \cos (\vartheta + \nu)}{\left[- \frac{y}{x} \frac{\partial z}{\partial x} + \frac{h}{2\pi} \frac{1}{x} - \frac{r_{o1}-x}{(\frac{\partial z}{\partial x})^2} (\frac{y}{x} \frac{\partial^2 z}{\partial x^2} - \frac{y}{x^2} \frac{\partial z}{\partial x} + \frac{1}{x^2} \frac{h}{2\pi})\right]}$$

Die eckige Klammer im Nenner ist identisch mit der eckigen Klammer im Nenner der Gleichung für tg $(\vartheta + \nu)$, Gl.(30), die ebenfalls aus Gl.(29) gebildet ist. Es ist also

$$\sin (\vartheta + \nu)$$

$$= \frac{\left[\frac{\partial z}{\partial x} + \frac{1}{\frac{\partial z}{\partial x}} + \frac{r_{o1} - x}{(\frac{\partial z}{\partial x})^2} \frac{\partial^2 z}{\partial x^2}\right] \cos (\vartheta + \nu)}{\left[\frac{r_{o1}}{\varrho_1} \frac{\mathrm{tg}\,\vartheta}{\cos\alpha} - \frac{r_{o1}-r\frac{\cos\vartheta}{\cos^2\alpha}}{\mathrm{tg}^2\alpha} (- \frac{\mathrm{tg}\,\vartheta}{\varrho_1 \cos\alpha} - \frac{\mathrm{tg}\,\alpha\,\mathrm{tg}\,\vartheta}{r \cos\vartheta} + \frac{\mathrm{tg}\,\gamma}{r \cos^2\vartheta})\right]} \quad (59)$$

Mit $\dfrac{\varrho_1}{\varrho_1 - a_o}$ nach Gl.(58), $\cos \varphi$ nach Gl.(42) und $\sin (\vartheta + \nu)$

nach Gl.(59) wird

$$w_N = \omega \frac{h}{2\pi} \left\{ \frac{2 \cos (\vartheta + \nu)}{\left[\frac{r_{o1}}{\varrho_1} \frac{\mathrm{tg}\,\vartheta}{\cos\alpha} - \frac{r_{o1}-r\frac{\cos\vartheta}{\cos^2\alpha}}{\mathrm{tg}^2\alpha} (- \frac{\mathrm{tg}\,\vartheta}{\varrho_1 \cos\alpha} - \frac{\mathrm{tg}\,\alpha\,\mathrm{tg}\,\vartheta}{r \cos\vartheta} + \frac{\mathrm{tg}\,\gamma}{r \cos^2\vartheta})\right] \cos\tau \sqrt{1+\mathrm{tg}^2\tau \cos^2(\vartheta+\nu)}} - \frac{\sin\varepsilon}{\sin\gamma} \right\}$$
$$(60)$$

Die eckige Klammer im Nenner ist bei der Berechnung des Winkels ν (Gl.(30)) ohnehin erforderlich.

Die Berechnung von w_D und w_B liefert für $r_{o2} = \infty$

- 32 -

$$w_D = -\,\omega\,\frac{h}{2\pi}\,\frac{\sin \varepsilon}{\sin \gamma} \tag{61}$$

$$w_B = \omega\,\frac{h}{2\pi}\,\frac{\cos \varepsilon}{\sin \gamma} \tag{62}$$

G. Einführung der Integrationsvariablen dr und $d\vartheta$

Die B-Linien werden in ihrer Projektion auf die Stirnansicht
der Schnecke dargestellt. Sie liegen damit in der Ebene des
Polarkoordinatensystems $r\vartheta$. Wir führen daher für $d\ell$ die Integrationsvariablen dr und $d\vartheta$ ein.

$d\ell$ ist ein Längenelement der B-Linie in der B-Ebene; seine Projektion in die Stirnebene der Schnecke ist $d\ell'$; $d\ell'$ liegt auf
der B'-Linie. Zwischen $d\ell$ und $d\ell'$ besteht nach Bild 11 die Beziehung

$$d\ell'\,\frac{\cos(\sigma + \nu)}{\cos \tau} = d\ell\,\cos(\sigma + \nu)_B$$

Nach Gl.(41) ist

$$\cos(\sigma + \nu)_B = \frac{\cos(\sigma + \nu)}{\cos \tau\,\sqrt{1 + tg^2\tau\,\cos^2(\sigma + \nu)}}$$

Hiermit wird

$$d\ell = d\ell'\,\sqrt{1 + tg^2\tau\,\cos^2(\sigma + \nu)}$$

Nach Bild 11 ist

$$d\ell = \frac{dr}{\cos \nu}$$

und

$$dr = r\,\frac{d\vartheta}{tg\,\nu}$$

Es ist also

$$d\ell = dr\,\frac{\sqrt{1 + tg^2\tau\,\cos^2(\sigma + \nu)}}{\cos \nu} \tag{63a}$$

oder

$$d\ell = d\vartheta\,\frac{r\,\sqrt{1 + tg^2\tau\,\cos^2(\sigma + \nu)}}{\sin \nu} \tag{63b}$$

Über dr wird integriert, wenn die untersuchte B-Linie mit der Radialen kleine Winkel bildet. Über $d\vartheta$ wird integriert, wenn die B-Linie mit der Umfangsrichtung kleine Winkel bildet.

H. Bestimmung der hydrodynamischen Tragkraft und Verlustleistung

Nach Gl.(4) ist für _eine_ B-Linie

$$A_1 = 2,45 \, \xi \, \frac{\cos \tau_{max}}{s_{min}} \int \varrho_N \, w_N \, d\ell$$

und nach Gl.(6)

$$L_{V_1} = 2,3 \, \xi \sqrt{\frac{\cos \tau_{max}}{s_{min}}} \int \sqrt{\frac{\varrho_N}{\cos \tau}} \, (w_N^2 + 1,238 \, (w_D^2 + w_B^2)) \, d\ell$$

In diesen Gleichungen ist

ϱ_N durch die Gl.(34[*]), (32[*]), (37) und (42)
w_N durch die Gl.(60)
w_D durch die Gl.(61)
w_B durch die Gl.(62)
und
$\quad d\ell$ durch die Gl.(63a) oder (63b) gegeben.

Bei der Ermittlung allgemeiner Ergebnisse für große Radzähnezahlen überwiegt das erste Glied im Zähler von Gl.(32[*]). Wir können daher das zweite Glied vernachlässigen und erhalten unter Verwendung der Gl.(58) und (59):

$$A_1 = 2,45 \, \xi \, \frac{\cos \tau_{max}}{s_{min}} \, r_{o2} \, \omega \, \frac{h}{2\pi} \int\limits_{r_i}^{r_a} \frac{n^2 \sqrt{1 + tg^2\tau \cos^2 (\sigma + \nu)}}{\sin\alpha \, \cos\nu \, \sqrt{1 - \sin^2\tau \, \sin^2 (\sigma - \vartheta)}} \left(2n - \frac{\sin\varepsilon}{\sin\gamma}\right) dr \qquad (64a)$$

bzw.

$$A_1 = 2,45 \, \xi \, \frac{\cos \tau_{max}}{s_{min}} \, r_{o2} \, \omega \, \frac{h}{2\pi} \int\limits_{\vartheta_u}^{\vartheta_0} \frac{rn^2 \sqrt{1 + tg^2\tau \cos^2 (\sigma + \gamma)}}{\sin\alpha \, \sin\nu \, \sqrt{1 - \sin^2\tau \, \sin^2 (\sigma - \vartheta)}} \left(2n - \frac{\sin\varepsilon}{\sin\gamma}\right) d\vartheta \qquad (64b)$$

und

$$L_{V_1} = 2,3 \sqrt{\frac{\cos \tau_{max}}{s_{min}}} \sqrt{r_{o2}}\, \omega^2 \; \frac{h^2}{4\,\pi^2} \int_{r_i}^{r_a} \frac{n\,\sqrt{1 + tg^2\tau \cos^2(\sigma+\nu)}}{\cos\nu\,\sqrt{\sin\alpha\,\cos\tau}\,\sqrt{1-\sin^2\tau\,\sin^2(\sigma-\vartheta)}} \left[(2n - \frac{\sin\varepsilon}{\sin\gamma})^2 + \frac{1,238}{\sin^2\gamma}\right] dr \tag{65a}$$

bzw.

$$L_{V_1} = 2,3 \sqrt{\frac{\cos \tau_{max}}{s_{min}}} \sqrt{r_{o2}}\, \omega^2 \; \frac{h^2}{4\,\pi^2} \int_{\vartheta_u}^{\vartheta_o} \frac{rn\,\sqrt{1 + tg^2\tau \cos^2(\sigma+\nu)}}{\sin\nu\,\sqrt{\sin\alpha\,\cos\tau}\,\sqrt{1-\sin^2\tau\,\sin^2(\sigma-\vartheta)}} \left[(2n - \frac{\sin\varepsilon}{\sin\gamma})^2 + \frac{1,238}{\sin^2\gamma}\right] d\vartheta \tag{65b}$$

Darin ist

$$n = \frac{\cos(\vartheta+\nu)}{\left[\dfrac{r_{o1}}{\varrho_1}\cdot\dfrac{tg\,\vartheta}{\cos\alpha} - \dfrac{r_{o1}-r\dfrac{\cos\vartheta}{\cos^2\alpha}}{tg^2\alpha}\left(-\dfrac{tg\,\vartheta}{\varrho_1\cos\alpha} - \dfrac{tg\alpha\;tg\,\vartheta}{r\,\cos\vartheta} + \dfrac{tg\,\gamma}{r\,\cos^2\vartheta}\right)\right]\cos\tau\,\sqrt{1+tg^2\tau\,\cos^2(\sigma+\nu)}} \tag{66a}$$

Wird bei der Berechnung von n der Klammerausdruck im Nenner
von Gl.(66a) gleich Null, so wird nach Gl.(30) tg $(\vartheta+\nu)$
gleich ∞. Ein Fall, der für die Kuppe einer B-Linie (vgl.
Bild 1a, nahe Zahnfeldmitte) mit $(\vartheta+\nu) = 90^o$ zutrifft. Nach
Gl.(66a) wird dann $\dfrac{\cos(\vartheta+\nu)}{[\dots\dots\dots]} = \dfrac{0}{0}$. Wir berechnen die n-Werte
für solche B-Linien etwas anders. Nach Gl.(30) ist

$$\frac{\cos(\vartheta+\nu)}{\left[\dfrac{r_{o1}}{\varrho_1}\dfrac{tg\,\vartheta}{\cos\alpha} - \dfrac{r_{o1}-r\dfrac{\cos\vartheta}{\cos^2\alpha}}{tg^2\alpha}\left(-\dfrac{tg\,\vartheta}{\varrho_1\cos\alpha} - \dfrac{tg\alpha\;tg\,\vartheta}{r\,\cos\vartheta} + \dfrac{tg\,\gamma}{r\,\cos^2\vartheta}\right)\right]}$$

$$= \frac{\sin(\vartheta+\nu)\,\sin^2\alpha\,\cos\alpha}{\sin\alpha - \dfrac{r_{o1}-r\,\cos\vartheta}{\varrho_1}}$$

Damit wird

$$n = \frac{\sin^2\alpha\,\cos\alpha\,\sin(\vartheta+\nu)}{\left[\sin\alpha - \dfrac{r_{o1}-r\,\cos\vartheta}{\varrho_1}\right]\cos\tau\,\sqrt{1 + tg^2\tau\,\cos^2(\sigma+\nu)}} \tag{66b}$$

Nach diesen Gleichungen kann die hydrodynamische Tragkraft und
Verlustleistung längs der B-Linien von Zylinderschnecken berechnet werden.
Bei der hydrodynamischen Tragkraft bezeichnen wir die zu inte-
grierenden Ausdrücke in den Gl.(64a) bzw. (64b) mit i_A bzw. $i_A{}'$.
Die Integration wird graphisch durchgeführt, und wir schreiben
für <u>eine</u> B-Linie

$$A_1 = 2,45 \, \xi \, \frac{\cos \tau_{max}}{s_{min}} \, r_{o2} \, \omega \, \frac{h}{2 \pi} \int_{r_i}^{r_a} i_A{}' \, dr \qquad (67a)$$

bzw.

$$A_1 = 2,45 \, \xi \, \frac{\cos \tau_{max}}{s_{min}} \, r_{o2} \, \omega \, \frac{h}{2 \pi} \int_{\vartheta_u}^{\vartheta_o} i_A' \, d\vartheta \qquad (67b)$$

Es ist also

$$i_A{}' = \frac{n^2 \sqrt{1 + tg^2 \tau \cos^2(\delta + \nu)}}{\cos \nu \, \sin \alpha \, \sqrt{1 - \sin^2 \tau \, \sin^2(\delta - \vartheta)}} \, (2 \, n - \frac{\sin \varepsilon}{\sin \gamma}) \qquad (68a)$$

bzw.

$$i_A{}' = \frac{r \, n^2 \sqrt{1 + tg^2 \tau \cos^2(\delta + \nu)}}{\sin \nu \, \sin \alpha \, \sqrt{1 - \sin^2 \tau \, \sin^2(\delta - \vartheta)}} \, (2 \, n - \frac{\sin \varepsilon}{\sin \gamma}) \qquad (68b)$$

Nach graphischer Integration innerhalb der Grenzen der B-Linie
setzen wir

$$\int_{r_i}^{r_a} i_A \, dr = \int_{\vartheta_u}^{\vartheta_o} i_A' \, d\vartheta = h_A \, (r_a - r_i) \qquad (69)$$

Damit wird

$$A_1 = 2,45 \, \xi \, \frac{\cos \tau_{max}}{s_{min}} \, r_{o2} \, \omega \, \frac{h}{2 \pi} \, h_A \, (r_a - r_i)$$

Das ist die Tragkraft infolge _einer_ B-Linie. Um die gesamte
Tragkraft zu erhalten, müssen wir die Summe der Anteile aller
gleichzeitig im Eingriff befindlichen B-Linien bilden. Es ist
also

$$\sum_{\text{B-Linien}} h_a = H_A \qquad (70)$$

Die gesamte Tragkraft in der untersuchten Stellung ist

$$A = 2,45 \, \xi \, \frac{\cos \tau_{max}}{s_{min}} \, r_{o2} \, \omega \, \frac{h}{2 \pi} \, (r_a - r_i) \, H_A$$

H_A ändert sich beim Fortschreiten des Rades periodisch mit der
Teilung. Von Belang ist die geringste Schmierdruckbildung, also $H_{A \, min}$. Ist die Axialkraft A konstant, so verhält sich

$$\frac{H_A}{H_{A \, min}} = \frac{s_{min}}{min \, s_{min}} \qquad (71)$$

Wir ersetzen danach den von Stellung zu Stellung veränderlichen Schmierspalt s_{min} und erhalten

$$A = 2{,}45\ \xi\ \frac{\cos \tau_{max}}{\min s_{min}}\ r_{o2}\ \omega \frac{h}{2\,\pi}\ (r_a - r_i)\ H_{A\ min} \tag{72}$$

Nun berechnen wir die Verlustleistung L_V. Wir bezeichnen den Integranden in Gl.(65a) bzw. (65b) mit i_V bzw. i_V'. Die Integration wird graphisch durchgeführt und wir schreiben für _eine_ B-Linie

$$L_{V_1} = 2{,}3\ \xi\ \sqrt{\frac{\cos \tau_{max}}{s_{min}}}\ \sqrt{r_{o2}}\ \frac{\omega^2\ h^2}{4\,\pi^2} \int_{r_i}^{r_a} i_V\ dr$$

bzw.

$$L_{V_1} = 2{,}3\ \xi\ \sqrt{\frac{\cos \tau_{max}}{s_{min}}}\ \sqrt{r_{o2}}\ \frac{\omega^2\ h^2}{4\,\pi^2} \int_{\vartheta_u}^{\vartheta_o} i_V'\ d\vartheta$$

Es ist also nach Gl.(65a/b)

$$i_V = \frac{n\ \sqrt{1 + \operatorname{tg}^2 \tau\ \cos^2(\delta + \nu)}}{\cos \nu\ \sqrt{\sin \alpha\ \cos \tau}\ \sqrt{1 - \sin^2 \tau\ \sin^2(\delta - \vartheta)}}$$
$$\left[\left(2n - \frac{\sin \varepsilon}{\sin \gamma}\right)^2 + \frac{1{,}238}{\sin^2 \gamma}\right] \tag{73a}$$

bzw.

$$i_V' = \frac{r\ n\ \sqrt{1 + \operatorname{tg}^2 \tau\ \cos^2(\delta + \nu)}}{\sin \nu\ \sqrt{\sin \alpha\ \cos \tau}\ \sqrt{1 - \sin^2 \tau\ \sin^2(\delta - \vartheta)}}$$
$$\left[\left(2n - \frac{\sin \varepsilon}{\sin \gamma}\right)^2 + \frac{1{,}238}{\sin^2 \gamma}\right] \tag{73b}$$

Nach graphischer Integration setzen wir

$$\int_{r_i}^{r_a} i_V\ dr = \int_{\vartheta_u}^{\vartheta_o} i_V'\ d\vartheta = h_V\ (r_a - r_i)$$

und erhalten

$$L_{V_1} = 2{,}3\ \xi\ \sqrt{\frac{\cos \tau_{max}}{s_{min}}}\ \sqrt{r_{o2}}\ \frac{\omega^2\ h^2}{4\,\pi^2}\ (r_a - r_i)\ h_V$$

Das ist die entlang _einer_ B-Linie entstehende Verlustleistung. Um die gesamte Verlustleistung zu erhalten, bilden wir

$$\sum_{B\text{-Linien}} h_V = H_V \tag{75}$$

Die gesamte Verlustleistung in der untersuchten Stellung ist

$$L_V = 2,3\,\xi\,\sqrt{\frac{\cos \tau_{max}}{s_{min}}}\;\sqrt{r_{o2}}\;\frac{\omega^2\,h^2}{4\,\pi^2}\,(r_a - r_i)\,H_V$$

Wir ersetzen das veränderliche s_{min} nach Gl.(71) und bilden $L_{V\ mittel}$:

$$L_{V\ mittel}$$
$$= 2,3\,\xi\,\sqrt{\frac{\cos \tau_{max}}{\min\, s_{min}}}\;\sqrt{r_{o2}}\;\omega^2\,\frac{h^2}{4\pi^2}\,(r_a-r_i)\,\sqrt{H_{A\ min}}\,\left|\frac{H_V}{\sqrt{H_A}}\right|_{mittel} \tag{76}$$

Bei der Integration der Ausdrücke für A und L_V in Gl.(64) und (65) ist zu beachten, daß die Integranden immer nur positive Anteile geben. Die Verlustleistung ist für jedes Element der B-Linie stets positiv, da überall Energieverlust und nirgends Energiegewinn eintritt. Bei der Tragkraft kann im Integranden $\varrho_N\,w_N$ (Gl.(4)) wohl w_N das Vorzeichen wechseln, wobei aber das Vorzeichen des Integranden ebenfalls gewechselt werden muß. – Es wäre sinnvoll, das Integral für die Tragkraft folgendermaßen zu schreiben: $\int \left|\,\varrho_N\,w_N\,d\ell\,\right|$.

Dazu eine Erklärung anhand von Bild 12. Wir sehen eine B-Linie mit einer Stelle des Vorzeichenwechsels von w_N dargestellt. Ist w_N positiv, so bildet sich wegen unserer Vereinbarung bei den Normalkomponenten der Geschwindigkeiten (Gl.(50) und (52/53)) der Ölkeil unterhalb der B-Linie; ist w_N negativ, so bildet er sich oberhalb der B-Linie. Für die Tragkraft aber ist die <u>Seite</u> der Ölkeilbildung ohne Bedeutung.

J. Bestimmung der Tragkraft aus der Walzenpressung

Nach Gl.(11) ist die Axialkraft aus der Walzenpressung entlang <u>einer</u> B-Linie

$$A_{H_1} = 2\,K_H \int \varrho_N \cos \tau\;d\ell$$

- 38 -

Nach Gl.(4) ist die hydrodynamische Tragkraft entlang <u>einer</u>
B-Linie

$$A_1 = 2{,}45 \; \xi \; \frac{\cos \tau_{max}}{s_{min}} \int \varrho_N \; w_N \; d\ell$$

Die Ähnlichkeit der Integranden macht es zweckmäßig, den Integranden der H e r t z'schen Tragkraft aus demjenigen der
hydrodynamischen Tragkraft zu berechnen. Wir ersetzen in
Gl.(4) $d\ell$ nach Gl.(63a) bzw. (63b) und schreiben:

$$A_1 = 2{,}45 \; \xi \; \frac{\cos \tau_{max}}{s_{min}} \; r_{o2} \; \omega \frac{h}{2\pi} \int \frac{\varrho_N}{r_{o2}} \; \frac{w_N}{\omega \frac{h}{2\pi}}$$

$$\frac{\sqrt{1 + tg^2\tau \cos^2(\delta + \nu)}}{\cos \nu} \; dr$$

bzw.

$$A_1 = 2{,}45 \; \xi \; \frac{\cos \tau_{max}}{s_{min}} \; r_{o2} \; \omega \frac{h}{2\pi} \int \frac{\varrho_N}{r_{o2}} \; \frac{w_N}{\omega \frac{h}{2\pi}}$$

$$\frac{r \sqrt{1 + tg^2\tau \cos^2(\delta + \nu)}}{\sin \nu} \; d\vartheta$$

Ein Vergleich mit Gl.(67a/b) liefert:

$$i_A = \frac{\varrho_N}{r_{o2}} \; \frac{w_N}{\omega \frac{h}{2\pi}} \; \frac{\sqrt{1 + tg^2 \tau \cos^2(\delta + \nu)}}{\cos \nu} \qquad (77a)$$

oder

$$i_A{'} = \frac{\varrho_N}{r_{o2}} \; \frac{w_N}{\omega \frac{h}{2\pi}} \; \frac{r \sqrt{1 + tg^2\tau \cos^2(\delta + \nu)}}{\sin \nu} \qquad (77b)$$

Wir ersetzen auch in Gl.(11) $d\ell$ nach Gl.(63a/b) und schreiben:

$$A_{H_1} = 2 \; K_H \; r_{o2} \int \frac{\varrho_N}{r_{o2}} \; \cos \tau \; \frac{\sqrt{1 + tg^2\tau \cos^2(\delta + \nu)}}{\cos \nu} \; dr$$

bzw.

$$A_{H_1} = 2 \; K_H \; r_{o2} \int \frac{\varrho_N}{r_{o2}} \; \cos \tau \; \frac{r \sqrt{1 + tg^2\tau \cos^2(\delta + \nu)}}{\sin \nu} \; d\vartheta$$

Den Integranden dieser Gleichung nennen wir i_H bzw. $i_H{'}$.

Es ist

$$i_H = \frac{\varrho_N}{r_{o2}} \cos \tau \; \frac{\sqrt{1 + tg^2 \tau \cos^2(\sigma + \nu)}}{\cos \nu} \qquad (78a)$$

$$i_H' = \frac{\varrho_N}{r_{o2}} \cos \tau \; \frac{r \sqrt{1 + tg^2 \tau \cos^2(\sigma + \nu)}}{\sin \nu} \qquad (78b)$$

Aus Gl.(77a/b) folgt

$$\frac{\varrho_N}{r_{o2}} = i_A \; \frac{\omega \frac{h}{2\pi}}{w_N} \; \frac{\cos \nu}{\sqrt{1 + tg^2 \tau \cos^2(\sigma + \nu)}}$$

bzw. analog mit i_A'.

In Gl.(64a/b) ist

$$(2 n - \frac{\sin \varepsilon}{\sin \gamma}) = \frac{w_N}{\omega \frac{h}{2\pi}}$$

Damit wird

$$i_H = i_A \; \frac{\cos \tau}{(2 n - \frac{\sin \varepsilon}{\sin \gamma})} \qquad (79a)$$

bzw.

$$i_H' = i_A' \; \frac{\cos \tau}{(2 n - \frac{\sin \varepsilon}{\sin \gamma})} \qquad (79b)$$

So kann durch einfache Umrechnung des Integranden i_A der Integrand i_H berechnet werden.

Nach graphischer Integration setzen wir

$$\int_{r_i}^{r_a} i_H \, dr = \int_{\vartheta_u}^{\vartheta_o} i_H' \, d\vartheta = h_H \, (r_a - r_i) \qquad (80)$$

und erhalten

$$A_{H_1} = 2 K_H \dot{r}_{o2} (r_a - r_i) h_H$$

Das ist die entlang <u>einer</u> B-Linie entstehende H e r t z'sche Tragkraft. Um die Anteile aller gleichzeitig im Eingriff befindlichen B-Linien zu erhalten, bilden wir

$$\sum_{\text{B-Linien}} h_H = H_H \tag{81}$$

Die gesamte Tragkraft ist damit

$$A_H = 2\, K_H\, r_{o2}\, (r_a - r_i)\, H_H$$

H_H ändert sich periodisch mit dem Fortschreiten des Rades von Teilung zu Teilung. Von Belang ist die geringste Tragkraft, also $H_{H\,min}$. Ist die Axialkraft A_H konstant, so verhält sich

$$\frac{K_H}{K_{H\,max}} = \frac{H_{H\,min}}{H_H} \tag{82}$$

Wir ersetzen danach die veränderliche Walzenpressung K_H und erhalten

$$A_H = 2\, K_{H\,max}\, r_{o2}\, (r_a - r_i)\, H_{H\,min} \tag{83}$$

K. Einfluß der endlichen Radzähnezahl

Wir unterscheiden drei Einflüsse der endlichen Radzähnezahl auf die Ergebnisse des Schneckentriebes:

1. Bei einer Radzähnezahl $z_2 = \infty$ ist auch $r_{o2} = \infty$. Die Krümmung des Radumfanges ist gleich Null. Bei einer Radzähnezahl $z_2 < \infty$ ist auch $r_{o2} < \infty$. Die Krümmung des Radumfanges ist von endlicher Größe. Das Gebiet gemeinsamer Durchdringung von Schnecke und Rad wird damit verringert und die Eingriffsfläche verkleinert. Die Projektion der Eingriffsfläche auf die Stirnebene der Schnecke nennen wir das Eingriffsfeld. Ist $z_2 = \infty$, so ist das Eingriffsfeld gleich dem Zahnfeld. Ist $z_2 < \infty$, so ist das Eingriffsfeld kleiner als das Zahnfeld. Die Begrenzung des Eingriffsfeldes infolge der endlichen Radzähnezahl ist also zu ermitteln und in das Zahnfeld einzutragen.

2. Bei der Untersuchung von Schneckentrieben mit $z_2 = \infty$ konnte das zweite Glied in der Gleichung für den resultierenden Krümmungshalbmesser ϱ (Gl.(32*)) vernachlässigt werden, da

es klein gegenüber dem ersten Gliede ist. Wir berücksichtigen den Einfluß dieser Vernachlässigung im Falle endlicher
Radzähnezahlen durch Berechnung eines Korrekturfaktors, mit
dem die Ergebnisse für $z_2 = \infty$ multipliziert werden.

3. Bei Schneckentrieben mit $z_2 < \infty$ ist nach Gl.(45[*]) und (46[*])

$$f_2 - f_1 = \omega \frac{h}{2\pi} \frac{a}{r_{02}}$$

Dieser Ausdruck ist bei $z_2 = \infty$ gleich Null und vereinfacht
damit die Theorie wesentlich. Sein Einfluß ist jedoch auch
bei Schneckentrieben mit endlicher Radzähnezahl von geringer Bedeutung für das Gesamtergebnis. Im Hinblick auf die
Größe dieses Einflusses im Verhältnis zur Rechengenauigkeit
wird auf die Ableitung dieser Korrekturfaktoren verzichtet.

1. **Begrenzung des Eingriffsfeldes durch das Rad mit endlicher Zähnezahl**

Die Begrenzung des Eingriffsfeldes durch den globoiden Grundkörper des Rades mit endlichem Durchmesser wird geometrisch gefunden. Wir zeichnen dazu die Eingriffslinien einiger Parallelschnitte im xz-Koordinatensystem auf. Das geschieht folgendermaßen: Wir übertragen die Schnittpunkte $r\vartheta$ der B-Linien mit
der P-Ebene $y = $ konst in das xz-Koordinatensystem. Dabei ist

$$x = r \cos \vartheta$$
$$z = f(r) - \frac{h}{2\pi} \vartheta + d \tag{84}$$

f(r) ist je nach Profilform einzusetzen (Geradlinienprofil
Gl.(13); Hohlprofil Gl.(14)).

Die Verbindung der so im xz-Koordinatensystem gefundenen Punkte
ist die Eingriffslinie des untersuchten P-Schnittes bzw. des
Mittelschnittes. Die Eingriffslinien aller P-Schnitte sind im
xz-Koordinatensystem eine Schar von Linien, die sich im Wälzpunkt C schneiden. Der Schnittpunkt der Eingriffslinie eines
P-Schnittes mit dem zugehörigen Außenkreis des Rades ist der
Anfangspunkt des Eingriffes. Dieser Punkt wird für jede Ein-

griffslinie in das xy-Koordinatensystem, also in das Zahnfeld, übertragen. Die Verbindung dieser Punkte im Zahnfeld gibt die Begrenzung des Eingriffsfeldes durch die endliche Zähnezahl des Rades. Einzelheiten bringt ein Beispiel in Abschnitt V A.

2. Änderung der Flankenschmiegung durch endliche Radzähnezahl

In Bild 6 ist der Ersatz-Krümmungshalbmesser ϱ des P-Schnittes dargestellt. Dieser ist nach Gl.(32^*)

$$\varrho = \frac{r_{o2} \sin \alpha + a_o (1 - \frac{a_o}{\varrho_1})}{(1 - \frac{a_o}{\varrho_1})^2}$$

Bei der Untersuchung von Schneckentrieben mit sehr großem z_2 und damit auch sehr großem r_{o2} setzen wir näherungsweise

$$\varrho_{\text{Näherungswert}} = \frac{r_{o2} \sin \alpha}{(1 - \frac{a_o}{\varrho_1})^2}$$

Dieser Näherungswert wird durch einen Korrekturfaktor wieder auf den wirklichen Wert zurückgeführt. Es ist

$$\varrho_{\text{wirklich}} = \varrho_{\text{Näherungswert}} (1 + K_\varrho)$$

Für Gl.(32^*) wird entsprechend

$$\varrho = \frac{r_{o2} \sin \alpha}{(1 - \frac{a_o}{\varrho_1})^2} \left(1 + \frac{a_o - \frac{a_o^2}{\varrho_1}}{r_{o2} \sin \alpha}\right)$$

Darin ist der Korrekturfaktor

$$K_\varrho = \frac{a_o (1 - \frac{a_o}{\varrho_1})}{r_{o2} \sin \alpha} \tag{85}$$

Bei der Korrektur ist i_A (bzw. i_A') sowie i_H (bzw. i_H') mit $1 + K_\varrho$ und i_V (bzw. i_V') mit $\sqrt{1 + K_\varrho}$ zu multiplizieren. Da K_ϱ im allgemeinen größer ist als Null, tritt eine Verbesserung der Resultate durch diesen Einfluß ein.

Teil III

Theorie des Zylinderschneckentriebes ohne Steigung

A. Berührungslinien

a) Verlauf der B-Linien

Beim allgemeinen Zylinderschneckentrieb sind die Eingriffs-
punkte durch Gl(20) gegeben. Sie lautet mit $\operatorname{tg} \alpha = \frac{\partial z}{\partial x}$ nach
Gl.(17[*])

$$d = -z + \frac{r_{o1} - x}{\frac{\partial z}{\partial x}}$$

Bei der Schnecke ohne Steigung ist $h = 0$ und $\gamma = 0$. Nach
Gl.(12) ist dann

$$z = f(r)$$

Weiter wird

$$\frac{\partial z}{\partial x} = \frac{\partial f(r)}{\partial r} \frac{\partial r}{\partial x} = \frac{\partial f(r)}{\partial r} \frac{\partial}{\partial x} \sqrt{x^2 + y^2} = \frac{\partial f(r)}{\partial r} \frac{x}{r}$$

Damit geht die allgemeine Gleichung der Eingriffspunkte für
die Schnecke ohne Steigung in die Gleichung über

$$\frac{r}{x} = \frac{r}{r_{o1}} \left(1 + \frac{d + z}{r} \frac{\partial f(r)}{\partial r}\right) \tag{86}$$

Die linke Seite ist gleich $\cos^{-1}\vartheta$; die rechte Seite hängt nur
von r ab. Wir bezeichnen sie mit $g(r)$. Dann erhalten wir

$$\cos^{-1}\vartheta = g(r)$$

Bei der nullgängigen Schnecke mit <u>Geradlinienprofil</u> ist nach
Gl.(12) und (13)

$$z = f(r) = r \operatorname{tg} \alpha_M$$

und

$$\frac{\partial f(r)}{\partial r} = \operatorname{tg} \alpha_M$$

Hiermit liefert Gl.(86) die Gleichung der B-Linien

$$\cos^{-1}\vartheta = g(r) = \frac{r}{r_{o1}\,\cos^2\alpha_M} + \frac{d\,\cos\alpha_M\,\sin\alpha_M}{r_{o1}\,\cos^2\alpha_M} \tag{87}$$

Nach dieser Gleichung können die B-Linien in der Stirnansicht der Schnecke mit Geradlinienprofil berechnet werden. Zur systematischen Untersuchung ist es hier zweckmäßig, ein B-Linienbild für sämtliche Neigungswinkel α_M aufzustellen, in dem lediglich die Wälzlinienlage (r_{o1}) durch den Profilwinkel α_M festgelegt ist. Dazu wählen wir für $r_{o1}\cos^2\alpha_M$ eine bestimmte Länge, wählen Werte für $\dfrac{r}{r_{o1}\,\cos^2\alpha_M}$ (z.B. 0,9; 1,0; 1,1; 1,2 usw.) und für $\dfrac{d\,\cos\alpha_M\,\sin\alpha_M}{r_{o1}\,\cos^2\alpha_M}$ (z.B. -0,1; 0,0; 0,1; 0,2 usw.). Die B-Linie $\dfrac{d\,\cos\alpha_M\,\sin\alpha_M}{r_{o1}\,\cos^2\alpha_M}$ = konst läßt sich dann aus den Polarkoordinaten $\dfrac{r}{r_{o1}\,\cos^2\alpha_M}$ und ϑ der nach Gl.(87) berechneten B-Punkte aufzeichnen. Ein so ermitteltes umfassendes B-Linienbild für Schnecken mit Geradlinienprofil und jedem Winkel α_M zeigt Bild 17a. Dabei ist $r_{o1}\cos^2\alpha_M$ = 10 cm angenommen. Die Wälzlinie ist also für ein bestimmtes α_M gegeben durch $r_{o1} = \dfrac{10\ cm}{\cos^2\alpha_M}$.

Bei der nullgängigen Schnecke mit __Hohlkreisprofil__ ist nach Gl.(12) und (14)

$$z = f(r) = \sqrt{\varrho_M^2 - (k - r)^2}$$

und

$$\frac{\partial f(r)}{\partial r} = \frac{k - r}{\sqrt{\varrho_M^2 - (k - r)^2}} = \text{tg}\,\alpha_M \tag{15}$$

Hiermit liefert Gl.(86) die Gleichung der B-Linien

$$\cos^{-1}\vartheta = g(r) = \frac{k}{r_{o1}}\left(1 + \frac{d}{k}\,\text{tg}\,\alpha_M\right) \tag{88}$$

Wir berechnen dabei tg α_M aus den dimensionslosen Größen $\dfrac{\varrho_M}{k}$ und $\dfrac{r}{k}$

$$\operatorname{tg}\,\alpha_M = \frac{1 - \frac{r}{k}}{\sqrt{(\frac{\varrho_M}{k})^2 - (1 - \frac{r}{k})^2}} \tag{89}$$

Nach Gl.(88) werden für jeweils angenommene Werte $\frac{d}{k}$ und $\frac{r}{k}$ die Winkel ϑ berechnet. Danach werden die B-Linien $\frac{d}{k}$ = konst in der Stirnansicht der Schnecke aufgezeichnet.

b) Neigung der B-Linien

Bei der hydrodynamischen Untersuchung benötigen wir den Winkel ν zwischen Radiale und B-Linie. Für eine Kurve in Polarkoordinaten gilt nach Bild 11

$$\operatorname{tg}\,\nu = \frac{r\,d\vartheta}{dr}$$

Nach Gl.(86) ist

$$\cos^{-1}\vartheta = g(r)$$

Die Differentiation dieser Gleichung liefert

$$\sin\vartheta\,\frac{d\vartheta}{\cos^2\vartheta} = g'(r)\,dr \tag{90}$$

Hiermit wird

$$\operatorname{tg}\,\nu = r\,\frac{d\vartheta}{dr} = r\,\frac{g'(r)\,\cos^2\vartheta}{\sin\vartheta} \tag{91}$$

Bei der Schnecke mit <u>Geradlinienprofil</u> finden wir $g'(r)$ durch Differentiation von $g(r)$ aus Gl.(87)

$$g'(r) = \frac{1}{r_{o1}\,\cos^2\alpha_M} \tag{92}$$

Hiermit wird

$$\operatorname{tg}\,\nu = \frac{r}{r_{o1}\,\cos^2\alpha_M}\,\frac{\cos^2\vartheta}{\sin\vartheta} \tag{93}$$

Bei der Schnecke mit <u>Hohlkreisprofil</u> finden wir $g'(r)$ durch Differentiation von $g(r)$ aus Gl.(88)

$$g'(r) = \frac{k}{r_{o1}}\,\frac{d}{k}\,\frac{1}{\cos^2\alpha_M}\,\frac{d\alpha_M}{dr}$$

Wir berechnen $\dfrac{d\alpha_M}{dr}$. Nach Bild 3b ist

$$k - r = \varrho_M \sin \alpha_M$$

oder nach Differentiation

$$- dr = \varrho_M \cos \alpha_M \, d\alpha_M$$

Damit wird:

$$g'(r) = - \frac{k}{r_{o1}} \frac{d}{k} \frac{1}{\varrho_M \cos^3 \alpha_M} \tag{94}$$

Nach Gl.(91) ist dann für das Hohlkreisprofil

$$\operatorname{tg} \nu = - \frac{r}{k} \frac{k}{r_{o1}} \frac{d}{k} \frac{k}{\varrho_M} \frac{\cos^2 \vartheta}{\sin \vartheta} \frac{1}{\cos^3 \alpha_M} \tag{95}$$

c) Sonderheiten der B-Linien

Die Bedingung für den Schnittpunkt aller B-Linien auf der Wälzachse ist nach Abschnitt II A

$$r_{o1} - x = 0$$
$$\operatorname{tg} \alpha = 0$$

Bei der Schnecke ohne Steigung wird mit $\gamma = 0$ nach Gl.(17[*])

$$\operatorname{tg} \alpha = \operatorname{tg} \alpha_M \cos \vartheta$$

Die Bedingungen besagen, daß bei der Schnecke <u>ohne</u> Steigung mit Geradlinienprofil <u>kein</u> B-Linienschnittpunkt auf der Wälzachse liegt. Bei der Schnecke mit <u>Hohlkreisprofil</u> hingegen finden wir einen Schnittpunkt aller B-Linien auf der Wälzachse unter dem Winkel

$$\vartheta = \operatorname{arc} \cos \frac{r_{o1}}{k}$$

Der Radiusvektor dieses Punktes ist die B-Linie $\frac{d}{k} = 0$, vgl. Gl.(88). Die B-Linie $\frac{d}{k} = 0$ verläuft also radial zur Schnecke, Bild 22a. Die B-Linien mit negativem $\frac{d}{k}$ schneiden die x-Achse. Die B-Linien mit positivem $\frac{d}{k}$ gehen durch den Punkt $x = 0$; $y = k - \varrho_M$.

Ist $\frac{r_{o1}}{k} = 1$, so geht die Wälzlinie W_1 durch den Krümmungsmittelpunkt des Profiles. Die B-Linie für $\frac{d}{k} = 0$ fällt mit der x-Achse in der Stirnansicht zusammen; für negative Werte $\frac{d}{k}$ gibt es keine B-Linien.

Die B-Linien aller Schneckentriebe ohne Steigung verlaufen symmetrisch zur x-Achse, so daß zu ihrer Untersuchung <u>nur eine Symmetriehälfte</u> erforderlich ist.

B. Berechnung der Grundformeln

a) Berechnung von ϱ_N

Für die Schnecke ohne Steigung sind die zur Berechnung der hydrodynamischen Tragkraft (Gl.(4)) und Verlustleistung (Gl.(6)) sowie der H e r t z'schen Tragkraft (Gl.(11)) notwendigen Größen zu bestimmen.

Die Lage der Berührungsebene zur Stirnebene der Schnecke ohne Steigung ist durch die einfache Vorstellung sowie durch die Gl.(35*) und (36*) gegeben. Es wird

$$\tau = \alpha_M$$
$$\sigma = 0$$

Der Krümmungshalbmesser ϱ_N der Ersatzwalze ist in Bild 6 dargestellt. Er wird aus dem Krümmungshalbmesser ϱ der Ersatzwalze in der Ebene eines P-Schnittes berechnet. Nach Gl.(34*) ist

$$\varrho_N = \varrho \, \frac{\cos^2 \varphi}{\cos \psi}$$

Hierin ist ϱ durch Gl.(32*) gegeben. Mit a_o nach Gl.(33) wird

$$\varrho = \frac{\left[r_{o2} + \left(1 - \dfrac{r_{o1} - x}{\varrho_1 \sin \alpha}\right) \left(\dfrac{r_{o1} - x}{\sin^2 \alpha}\right) \right] \sin \alpha}{\left(1 - \dfrac{r_{o1} - x}{\varrho_1 \sin \alpha}\right)^2}$$

- 48 -

Wir ersetzen den Nenner nach Gl.(58) und erhalten

$$\varrho = \frac{\left[r_{o2} + (1 - \dfrac{r_{o1} - x}{\varrho_1 \sin \alpha})\ (\dfrac{r_{o1} - x}{\sin^2 \alpha})\right] \sin \alpha}{\sin^2\alpha \ \cos^2\alpha \left[\dfrac{\partial z}{\partial x} + \dfrac{1}{\frac{\partial z}{\partial x}} + \dfrac{r_{o1} - x}{(\frac{\partial z}{\partial x})^2}\ \dfrac{\partial^2 z}{\partial x^2}\right]2} \tag{96}$$

Zur Berechnung von ϱ_N sind nach Gl.(34*) außerdem die Größen $\cos^2\varphi$ und $\cos\psi$ zu bestimmen. Wir berechnen $\cos^2\varphi$:

Der Winkel $90^o - \varphi$ liegt zwischen der T- und der B-Linie in der Berührungsebene (Bild 6). In der Projektion auf die Stirnebene der Schnecke, Bild 7, erscheinen die T- und B-Linien als T'- und B'-Linien. Zwischen ihnen liegt der Winkel $\vartheta + \nu$. In Bild 7 ist die Lage der Berührungsebene zur Stirnebene der Schnecke mit Steigung dargestellt. Bei der Schnecke ohne Steigung ist jedoch $\sigma = 0$. Die G-Linie als Schnittlinie zwischen B- und Stirnebene fällt also mit der U'-Linie zusammen. Die Radiale R' ist dann die Projektion L' des Lotes L auf die B-Ebene im B-Punkt. Zwischen T'- und R'-Linie liegt der Winkel ϑ. Zwischen B'- und R'-Linie liegt der Winkel ν. ϑ und ν sind die Projektionen der in der B-Ebene liegenden Winkel ϑ_B und ν_B. Die B-Ebene aber ist bei der Schnecke ohne Steigung unter dem Winkel $\tau = \alpha_M$ zur Stirnebene geneigt. Es ist daher

$$\operatorname{tg}\vartheta_B = \operatorname{tg}\vartheta \cos\tau = \operatorname{tg}\vartheta \cos\alpha_M \tag{97}$$

und

$$\operatorname{tg}\nu_B = \operatorname{tg}\nu \cos\tau = \operatorname{tg}\nu \cos\alpha_M \tag{98}$$

Es ist also

$$\begin{aligned}
\cos^2\varphi &= \sin^2(\nu_B + \vartheta_B) \\
&= (\sin\nu_B \cos\vartheta_B + \cos\nu_B \sin\vartheta_B)^2 \\
&= (\operatorname{tg}\nu_B + \operatorname{tg}\vartheta_B)^2 \cos^2\nu_B \cos^2\vartheta_B \\
&= \frac{(\operatorname{tg}\nu + \operatorname{tg}\vartheta)^2 \cos^2\alpha_M \cos^2\nu_B}{1 + \operatorname{tg}^2\vartheta \cos^2\alpha_M}
\end{aligned}$$

Der Nenner wird

$$1 + \operatorname{tg}^2 \vartheta \cos^2 \alpha_M = \frac{\cos^2 \alpha_M}{\cos^2 \vartheta} \left(\frac{\cos^2 \vartheta}{\cos^2 \alpha_M} + (1 - \cos^2 \vartheta) \right)$$

$$= \frac{\cos^2 \alpha_M}{\cos^2 \vartheta} (1 + \cos^2 \vartheta \operatorname{tg}^2 \alpha_M)$$

Nach Gl.(17*) ist bei der Schnecke ohne Steigung ($\gamma = 0$)

$$\operatorname{tg} \alpha = \operatorname{tg} \alpha_M \cos \vartheta$$

Damit wird

$$1 + \operatorname{tg}^2 \vartheta \cos^2 \alpha_M = \frac{\cos^2 \alpha_M}{\cos^2 \vartheta} \frac{1}{\cos^2 \alpha}$$

Es ist also

$$\cos^2 \varphi = (\operatorname{tg} \vartheta + \operatorname{tg} \nu)^2 \cos^2 \nu_B \cos^2 \vartheta \cos^2 \alpha \tag{99}$$

Diesen Ausdruck formen wir weiter um. Wir bestimmen dazu $\operatorname{tg} \vartheta + \operatorname{tg} \nu$ aus der Differentialgleichung der B-Linie. Nach Gl.(27) ist

$$\left[-\frac{\partial z}{\partial x} - \frac{1}{\frac{\partial z}{\partial x}} - \frac{r_{o1} - x}{\left(\frac{\partial z}{\partial x}\right)^2} \frac{\partial^2 z}{\partial x^2} \right] dx + \left[-\frac{\partial z}{\partial x} - \frac{r_{o1} - x}{\left(\frac{\partial z}{\partial x}\right)^2} \frac{\partial^2 z}{\partial x \partial y} \right] dy$$

$$= 0.$$

Nach Gl.(12) ist mit $h = 0$

$$z = f(r)$$

oder

$$\frac{\partial z}{\partial x} = \frac{\partial f(r)}{\partial r} \frac{\partial r}{\partial x} = \frac{\partial f(r)}{\partial r} \frac{\partial}{\partial x} \sqrt{x^2 + y^2} = \frac{\partial f(r)}{\partial r} \frac{x}{r}$$

$$\frac{\partial z}{\partial y} = \frac{\partial f(r)}{\partial r} \frac{\partial r}{\partial y} = \frac{\partial f(r)}{\partial r} \frac{\partial}{\partial y} \sqrt{x^2 + y^2} = \frac{\partial f(r)}{\partial r} \frac{y}{r} = \frac{\partial z}{\partial x} \frac{y}{x}$$

$$\frac{\partial^2 z}{\partial x \partial y} = \frac{\partial \left(\frac{\partial z}{\partial x}\right)}{\partial y} = \frac{\partial \left(\frac{\partial z}{\partial y}\right)}{\partial x} = \frac{\partial \left(\frac{\partial z}{\partial x} \frac{y}{x}\right)}{\partial x} = -\frac{y}{x^2} \frac{\partial z}{\partial x} + \frac{y}{x} \frac{\partial^2 z}{\partial x^2}$$

Mit diesen Größen und

$$x\, dx + y\, dy = r\, dr$$

wird

$$\left[\frac{\partial z}{\partial x} + \frac{1}{\frac{\partial z}{\partial x}} + \frac{r_{01} - x}{\left(\frac{\partial z}{\partial x}\right)^2} \frac{\partial^2 z}{\partial x^2}\right] r\, dr = \frac{r_{01}}{x} \frac{1}{\frac{\partial z}{\partial x}}\, y\, dy$$

oder

$$\left[\frac{\partial z}{\partial x} + \frac{1}{\frac{\partial z}{\partial x}} + \frac{r_{01} - x}{\left(\frac{\partial z}{\partial x}\right)^2} \frac{\partial^2 z}{\partial x^2}\right] \frac{\partial z}{\partial x} \frac{r}{r_{01}} = \frac{y}{x} \frac{dy}{dr}$$

Nach Bild 5 ist

$$\sin(\vartheta + \nu) = \frac{dy}{d\ell'}$$

Nach Bild 11 ist

$$d\ell' = \frac{dr}{\cos \nu}$$

Damit wird

$$\left[\frac{\partial z}{\partial x} + \frac{1}{\frac{\partial z}{\partial x}} + \frac{r_{01} - x}{\left(\frac{\partial z}{\partial x}\right)^2} \frac{\partial^2 z}{\partial x^2}\right] \frac{\partial z}{\partial x} \frac{r}{r_{01}} = \frac{\operatorname{tg}\vartheta\, \sin(\vartheta + \nu)}{\cos \nu}$$

$$= (\operatorname{tg}\vartheta + \operatorname{tg}\nu)\, \sin\vartheta$$

Diese Gleichung liefert einen Ausdruck für $\operatorname{tg}\vartheta + \operatorname{tg}\nu$, den wir in Gl.(99) einsetzen:

$$\cos^2\varphi = \left[\frac{\partial z}{\partial x} + \frac{1}{\frac{\partial z}{\partial x}} + \frac{r_{01} - x}{\left(\frac{\partial z}{\partial x}\right)^2} \frac{\partial^2 z}{\partial x^2}\right]^2$$

$$\operatorname{tg}^2\alpha\; \frac{r^2}{r_{01}^2}\; \frac{\cos^2\vartheta}{\sin^2\vartheta}\; \cos^2\nu_B\; \cos^2\alpha \tag{100}$$

Zur Ermittlung von ϱ_N nach Gl.(34^*) ist jetzt noch $\cos\psi$ zu berechnen. Beim allgemeinen Zylinderschneckentrieb ist nach Gl.(37)

$$\cos\psi = \sqrt{1 - \sin^2\tau\; \sin^2(\sigma - \vartheta)}$$

Beim Zylinderschneckentrieb ohne Steigung ist mit $\sigma = 0$ und $\tau = \alpha_M$

$$\cos \psi = \sqrt{1 - \sin^2 \alpha_M \sin^2 \vartheta} = \sqrt{1 - \sin^2 \alpha_M + \sin^2 \alpha_M \cos^2 \vartheta}$$

$$= \cos \alpha_M \sqrt{1 + \text{tg}^2 \alpha_M \cos^2 \vartheta}$$

Nach Gl.(17*) ist bei der Schnecke ohne Steigung ($\gamma = 0$)

$$\text{tg } \alpha = \text{tg } \alpha_M \cos \vartheta$$

Hiermit wird

$$\cos \psi = \frac{\cos \alpha_M}{\cos \alpha} \tag{101}$$

Damit sind alle zur Berechnung von ϱ_N nach Gl.(34*) nötigen Größen gefunden. Wir setzen ϱ nach Gl.(96), $\cos^2\varphi$ nach Gl.(100) und $\cos \psi$ nach Gl.(101) in Gl.(34*) ein und erhalten

$$\varrho_N = \varrho \frac{\cos^2\varphi}{\cos \psi}$$

$$= \left[r_{o2} + \left(1 - \frac{r_{o1} - x}{\varrho_1 \sin\alpha}\right) \frac{r_{o1} - x}{\sin^2\alpha} \right] \frac{r^2}{r_{o1}^2} \frac{\sin \alpha_M \cos^3 \vartheta \cos^2 \nu_B}{\cos^2 \alpha_M \sin^2 \vartheta} \tag{102}$$

b) Berechnung der Geschwindigkeiten

Die Geschwindigkeiten w_N, w_D und w_B sind bei der Schnecke ohne Steigung einfach zu berechnen. Es ist

$$\begin{aligned} w_N &= \omega_1 \, r \cos \nu_B \\ w_B &= \omega_1 \, r \sin \nu_B \\ w_D &= w_N \end{aligned} \tag{103}$$

Ferner ist

$$w_D^2 + w_B^2 = w_N^2 + w_B^2 = w^2$$

In Gl.(6) bilden die Geschwindigkeiten den Ausdruck

$$w_N^2 + 1{,}238 \, (w_D^2 + w_B^2)$$

Bei der Schnecke ohne Steigung schreiben wir dafür

$$w_N{}^2 + 1{,}238\ w_D{}^2 + 1{,}238\ w_B{}^2 = 2{,}238\ w_N{}^2 + 1{,}238\ w_B{}^2$$

$$= 2{,}238\ w^2 \left(1 - 0{,}448\ \frac{w_B{}^2}{w^2}\right)$$

Wir erhalten

$$w_N{}^2 + 1{,}238\ (w_D{}^2 + w_B{}^2)$$

$$= 2{,}238\ r^2 \omega_1^2\ (1 - 0{,}448\ \sin^2 \nu_B) \tag{104}$$

c) Berechnung der Integrationsvariablen

Anstelle von $d\ell$ führen wir die Integrationsvariablen dr und $d\,\mathrm{tg}\,\vartheta$ ein. Nach Bild 11 ist beim allgemeinen Schneckentrieb mit Steigung

$$d\ell \cos (\sigma + \nu)_B = d\ell' \ \frac{\cos (\sigma + \nu)}{\cos \tau}$$

Bei der Schnecke ohne Steigung ($\nu = 0$) wird $\sigma = 0$ und $\tau = \alpha_M$

$$d\ell \cos \nu_D = d\ell' \ \frac{\cos \nu}{\cos \alpha_M}$$

$d\ell' \cos \nu$ ist die Projektion von $d\ell \cos \nu_B$ auf die Stirnebene.

Nach Bild 11 ist

$$d\ell' \cos \nu = dr$$

Damit wird

$$d\ell = \frac{dr}{\cos \nu_B \cos \alpha_M} \tag{105a}$$

Um $d\ell$ durch $d(\mathrm{tg}\,\vartheta)$ auszudrücken, verwenden wir Gl.(90)

$$\sin \vartheta \frac{d\vartheta}{\cos^2 \vartheta} = g'(r)\ dr$$

Mit

$$d(\mathrm{tg}\,\vartheta) = \cos^{-2} \vartheta\ d\vartheta$$

wird daraus

$$dr = \frac{\sin \vartheta \; d(tg \, \vartheta)}{g'r}$$

Setzen wir diesen Ausdruck für dr in Gl.(105a) ein, so wird

$$d\ell = d(tg \, \vartheta) \; \frac{\sin \vartheta}{g'(r) \cos \nu_B \cos \alpha_M} \tag{105b}$$

Darin ist der Ausdruck g'(r) durch das M-Profil der Schnecke gegeben. Beim <u>Geradlinienprofil</u> ist nach Gl.(92)

$$g'(r) = \frac{1}{r_{o1} \cos^2\alpha_M}$$

Beim <u>Hohlkreisprofil</u> ist nach Gl.(94)

$$g'(r) = - \frac{k}{r_{o1}} \frac{d}{k} \frac{1}{\varrho_M \cos^3\alpha_M}$$

<u>C. Hydrodynamische Tragkraft und Verlustleistung
und Tragkraft aus der Walzenpressung</u>

Wir berechnen für die Schnecke ohne Steigung die hydrodynamische Tragkraft A nach Gl.(4), die Verlustleistung L_V nach Gl.(6) und die Tragkraft A_H aus der Walzenpressung nach Gl.(11). Die hierin vorkommenden Größen sind im vorhergehenden Abschnitt berechnet. Es ist gegeben

ϱ_N	durch Gl.(102)
w_N	durch Gl.(103)
$w_N^2 + 1{,}238 \, (w_D^2 + w_B^2)$	durch Gl.(104)
$d\ell$	durch Gl.(105a/b)

Dazu ist bei der Schnecke ohne Steigung $\tau = \alpha_M$. Die Ausdrücke A, L_V und A_H werden unabhängig von der Form des M-Profiles abgeleitet. Bei $z_2 = \infty$ vernachlässigen wir das zweite Glied in der eckigen Klammer von Gl.(102). Hiermit erhalten wir für <u>eine</u> Symmetriehälfte <u>einer</u> B-Linie

a) bei der hydrodynamischen Tragkraft

aus

$$A = 2{,}45\ \xi\ \omega\ \frac{\cos \tau_{max}}{s_{min}} \int \varrho_N\ w_N\ d\ell \tag{4}$$

$$A_1 = 2{,}45\ \xi\ \omega_1\ \frac{\cos \tau_{max}}{s_{min}}\ r_{o2}\ r_{o1}$$

$$\int \left(\frac{r}{r_{o1}}\right)^3 \frac{\sin \alpha_M}{\cos^3 \alpha_M}\ \frac{\cos^3 \vartheta}{\sin^2 \vartheta}\ \cos^2 \nu_B\ dr \tag{106}$$

b) bei der hydrodynamischen Verlustleistung

aus

$$L_V = 2{,}3\,\xi\ \sqrt{\frac{\cos \tau_{max}}{s_{min}}} \int \sqrt{\frac{\varrho_N}{\cos \tau}}\ \left(w_N^2 + 1{,}238\ (w_D^2 + w_B^2)\right) d\ell \tag{16}$$

$$L_{V_1} = 5{,}14\,\xi\ \omega_1^2\ \sqrt{\frac{\cos \tau_{max}}{s_{min}}}\ \sqrt{r_{o2}}\ r_{o1}^2$$

$$\int \frac{r^3}{r_{o1}^3}\ \sqrt{\frac{\sin \alpha_M}{\cos^5 \alpha_M}}\ \sqrt{\frac{\cos^3 \vartheta}{\sin^2 \vartheta}}\ (1 - 0{,}448\ \sin^2 \nu_B)\ dr \tag{107a}$$

oder bei Integration über $d(\operatorname{tg} \vartheta)$

$$L_{V_1} = 5{,}14\ \xi\ \omega_1^2 \sqrt{\frac{\cos \tau_{max}}{s_{min}}}\ \sqrt{r_{o2}}\ r_{o1}^2$$

$$\int \frac{r^3}{r_{o1}^3}\ \frac{1}{g'(r)}\ \sqrt{\frac{\sin \alpha_M}{\cos^5 \alpha_M}}\ \cos^3 \vartheta (1 - 0{,}448\ \sin^2 \nu_B)\ d\,(\operatorname{tg} \vartheta)$$
$$\tag{107b}$$

c) bei der Hertz'schen Tragkraft

aus

$$A_{H_1} = 2\ K_H \int \varrho_N\ \cos \tau\ d\ell \tag{11}$$

$$A_{H_1} = 2\ K_H\ r_{o2} \int \frac{r^2}{r_{o1}^2}\ \frac{\sin \alpha_M}{\cos^2 \alpha_M}\ \frac{\cos^3 \vartheta}{\sin^2 \vartheta}\ \cos \nu_B\ dr \tag{108a}$$

oder bei Integration über $d(\operatorname{tg} \vartheta)$:

$$A_{H_1} = 2\,K_H\,r_{o2}\int_{r_{o1}}^{} \frac{r^2}{r_{o1}^2}\,\frac{1}{g'(r)}\,\frac{\sin\alpha_M}{\cos^2\alpha_M}\,\frac{\cos^3\vartheta}{\sin\vartheta}\,\cos\nu_B\;d(tg\,\vartheta) \tag{108b}$$

In den Gl.(107b) und (108b) ist beim <u>Geradlinienprofil</u> nach Gl.(92)

$$g'(r) = \frac{1}{r_{o1}\,\cos^2\alpha_M}$$

und beim <u>Hohlkreisprofil</u> nach Gl.(94)

$$g'(r) = -\frac{k}{r_{o1}}\,\frac{d}{k}\,\frac{1}{\rho_M\,\cos^3\alpha_M}$$

Bei der Berechnung der Integranden in Gl.(106) und (108b) für Punkte in der Nähe der x-Achse geht

$$\frac{\cos\nu_B}{\sin\vartheta} \to \frac{0}{0}$$

Wir formen für solche Punkte den Bruch folgendermaßen um:

$$\frac{\cos\nu_B}{\sin\vartheta} = \frac{\sin\nu_B}{\sin\vartheta\,tg\,\nu_B}$$

Mit $tg\,\nu_B$ nach Gl.(98) wird

$$\frac{\cos\nu_B}{\sin\vartheta} = \frac{\sin\nu_B}{\sin\vartheta\,tg\,\nu_B} = \frac{\sin\nu_B}{\sin\vartheta\,tg\,\nu\,\cos\alpha_M}$$

Mit $tg\,\nu$ nach Gl.(91) wird

$$\frac{\cos\nu_B}{\sin\vartheta} = \frac{\sin\nu_B}{r\,g'(r)\,\cos^2\vartheta\,\cos\alpha_M} \tag{109}$$

<u>D. Auswertung für Geradlinienprofil</u>

a) Hydrodynamische Tragkraft A_1

Nach Gl.(106) ist für die Symmetriehälfte <u>einer</u> B-Linie

- 56 -

$$A_1 = 2,45 \, \xi \, \omega \, \frac{\cos \tau_{max}}{s_{min}} \, r_{o2} \, r_{o1}$$

$$\int \left(\frac{r}{r_{o1}}\right)^3 \frac{\sin \alpha_M}{\cos^3 \alpha_M} \frac{\cos^3 \vartheta}{\sin^2 \vartheta} \cos^2 \nu_B \, dr$$

oder beim Geradlinienprofil $\alpha_M = $ konst

$$A_1 = 2,45 \, \xi \, \omega \, \frac{r_{o2}}{s_{min}} \, (r_{o1} \, \cos^2 \alpha_M)^2 \, \sin \alpha_M \, \cos^2 \alpha_M$$

$$\int \left(\frac{r}{r_{o1} \, \cos^2 \alpha_M}\right)^3 \frac{\cos^3 \vartheta}{\sin^2 \vartheta} \cos^2 \nu_B \, d \, \frac{r}{r_{o1} \, \cos^2 \alpha_M}$$

Die Integration über $d \, \dfrac{r}{r_{o1} \, \cos^2 \alpha_M}$ erfolgt, weil die B-Linien für Geradlinienprofile unabhängig von α_M in Polarkoordinaten $\dfrac{r}{r_{o1} \, \cos^2 \alpha_M}$ und ϑ (siehe Bild 17a) aufgetragen sind. Wir schreiben

$$A_1 = 2,45 \, \xi \, \omega \, \frac{r_{o2}}{s_{min}} \, (r_{o1} \, \cos^2 \alpha_M)^2 \, \sin \alpha_M \, \cos^2 \alpha_M$$

$$\int_{\frac{r_i}{r_{01} \cos^2 \alpha_M}}^{\frac{r_a}{r_{01} \cos^2 \alpha_M}} i_A \, d \, \frac{r}{r_{o1} \, \cos^2 \alpha_M}$$

mit

$$i_A = \left(\frac{r}{r_{o1} \, \cos^2 \alpha_M}\right)^3 \frac{\cos^3 \vartheta}{\sin^2 \vartheta} \cos^2 \nu_B$$

$$\equiv \frac{r}{r_{o1} \, \cos^2 \alpha_M} \, \frac{\sin^2 \nu_B}{\cos \vartheta \, \cos^2 \alpha_M} \tag{110}$$

In der rechts dargestellten Form ist $\dfrac{\cos \nu_B}{\sin \vartheta}$ durch Gl.(109) ausgedrückt. Wir verwenden diese Form zur Berechnung von Punkten in der Nähe der x-Achse. Zur graphischen Integration setzen wir

$$\int_{\frac{r_i}{r_{01} \cos^2 \alpha_M}}^{\frac{r_a}{r_{01} \cos^2 \alpha_M}} i_A \, d \left(\frac{r}{r_{o1} \, \cos^2 \alpha_M}\right) = h_A \, \frac{r_a - r_i}{r_{o1} \, \cos^2 \alpha_M} \tag{111}$$

und erhalten für die _ganze_ B-Linie

$$A_1 = 2,45 \, \xi \, \omega \frac{r_{o2}}{s_{min}} \, (r_{o1} \cos^2 \alpha_M)^2 \, \sin \alpha_M \cos^2 \alpha_M$$

$$\frac{r_a - r_i}{r_{o1} \cos^2 \alpha_M} \, 2 \, h_A$$

Die gesamte Axialkraft A der Schnecke ist die Summe der Anteile A_1 aller gleichzeitig im Eingriff befindlichen B-Linien. Es ist zu bilden

$$\sum_{\text{B-Linien}} h_A = H_A$$

Das Intervall von einer B-Linie zur anderen gleichzeitig im Eingriff befindlichen B-Linie ist die Teilung $t = m \cdot \pi$. Um die B-Linien zweckmäßig für alle Neigungen α_M des M-Profiles darzustellen, beziehen wir bei der Schnecke ohne Steigung nach Gl. (87) alle Längen auf $r_{o1} \cos^2 \alpha_M$. Dabei ist nach Gl.(87) die Stellung der Profile bestimmt durch $d \dfrac{\cos \alpha_M \sin \alpha_M}{r_{o1} \cos^2 \alpha_M}$. Hierüber werden die berechneten Werte h_A aufgetragen und durch Summation aller gleichzeitig entstehenden Anteile h_A H_A gebildet. Die Teilung t ist also als Länge ebenfalls auf $r_{o1} \cos^2 \alpha_M$ zu beziehen und beim Vergleich mit der Profilverschiebung $d \dfrac{\cos \alpha_M \sin \alpha_M}{r_{o1} \cos^2 \alpha_M}$ mit $\cos \alpha_M \sin \alpha_M$ zu multiplizieren. Es ist also bei der Berechnung von $H_A = \sum h_A$ als Teilung $t \dfrac{\cos \alpha_M \sin \alpha_M}{r_{o1} \cos^2 \alpha_M}$ zu verwenden.

Bei dem angenommenen Fortschreiten des Rades von Zahn zu Zahn ändert sich H_A periodisch mit der Teilung. Von Belang ist die geringste Schmierdruckbildung, also $H_{A \, min}$. In dieser Stellung tritt <u>bei gleicher Axialkraft A</u> der kleinste Schmierspalt $min \, s_{min}$ auf.

Wir ersetzen danach den von Stellung zu Stellung veränderlichen Schmierspalt s_{min} durch $min \, s_{min}$ nach Gl.(71):

$$A = 2,45 \, \xi \, \omega \, \frac{r_{o2}}{min \, s_{min}} \, (r_{o1} \cos^2 \alpha_M)^2 \, \sin \alpha_M \cos^2 \alpha_M$$

$$\frac{r_a - r_i}{r_{o1} \cos^2 \alpha_M} \, 2 \, H_{A \, min} \tag{112}$$

- 58 -

Beim Geradlinienprofil ändert sich H_A nur wenig beim Fortschreiten des Rades von Teilung zu Teilung. Um eine relative Verlustleistung zu berechnen, können wir daher den Ausdruck $\frac{L_V\ mittel}{A_{mittel}}$ bilden. Wir berechnen dazu A_{mittel}:

Die durch graphische Integration ermittelten Werte h_A sind über der Stellung $d\ \frac{\cos \alpha_M \sin \alpha_M}{r_{o1}\ \cos^2 \alpha_M}$ aufgetragen. Über einer Teilung $t\ \frac{\cos \alpha_M \sin \alpha_M}{r_{o1}\ \cos^2 \alpha_M}$ wird für jede Zwischenstellung die Summe H_A aller gleichzeitig auftretenden h_A-Werte aufgetragen. Der Mittelwert $H_{A\ mittel}$ wird

$$H_{A\ mittel} \cdot t\ \frac{\cos \alpha_M \sin \alpha_M}{r_{o1}\ \cos^2 \alpha_M} = \int_{-\infty}^{+\infty} h_A\ d(d\ \frac{\cos \alpha_M \sin \alpha_M}{r_{o1}\ \cos^2 \alpha_M})$$

Das Integral ist die Fläche unter der Kurve h_A über $d\ \frac{\cos \alpha_M \sin \alpha_M}{r_{o1}\ \cos^2 \alpha_M}$. Es wird graphisch ermittelt und wir finden

$$A_{mittel} = 2,45\ \xi\ \omega\ \frac{r_{o2}}{s_{min}}\ (r_{o1}\ \cos^2 \alpha_M)^2\ \sin \alpha_M\ \cos^2 \alpha_M$$

$$2\left[H_{A\ mittel}\ t\ \frac{\cos \alpha_M \sin \alpha_M}{r_{o1}\ \cos^2 \alpha_M}\right] \frac{r_a - r_i}{t\ \cos \alpha_M\ \sin \alpha_M} \tag{113}$$

b) Hydrodynamische Verlustleistung

Nach Gl.(107a/b) ist für die Symmetriehälfte <u>einer</u> B-Linie

$$L_{V_1} = 5,14\ \xi\ \omega_1^2\ \sqrt{\frac{\cos \tau_{max}}{s_{min}}}\ \sqrt{r_{o2}}\ r_{o1}^2$$

$$\int (\frac{r^3}{r_{o1}^3})\ \sqrt{\frac{\sin \alpha_M}{\cos^5 \alpha_M}}\ \sqrt{\frac{\cos^3 \vartheta}{\sin^2 \vartheta}}\ (1 - 0,448\ \sin^2 \nu_B)\ dr \tag{107a}$$

oder

$$L_{V_1} = 5,14\ \xi\ \omega_1^2\ \sqrt{\frac{\cos \tau_{max}}{s_{min}}}\ \sqrt{r_{o2}}\ r_{o1}^2$$

$$\int (\frac{r^3}{r_{o1}^3})\frac{1}{g'(r)}\ \sqrt{\frac{\sin \alpha_M}{\cos^5 \alpha_M}}\ \sqrt{\cos^3 \vartheta}\ (1 - 0,448\ \sin^2 \nu_B)\ d(tg\vartheta) \tag{107b}$$

Mit α_M = konst und $g'(r)$ nach Gl.(92) ist beim Geradlinienprofil

$$L_{V_1} = 5,14 \, \xi \, \omega^2 \sqrt{\frac{r_{o2}}{s_{min}}} \, (r_{o1} \cos^2 \alpha_M)^3 \sqrt{\sin \alpha_M}$$

$$\int \left(\frac{r}{r_{o1} \cos^2 \alpha_M}\right)^3 \sqrt{\frac{\cos^3 \vartheta}{\sin^2 \vartheta}} \, (1 - 0,448 \sin^2 \nu_B) \, d \, \frac{r}{r_{o1} \cos^2 \alpha_M}$$

oder

$$L_{V_1} = 5,14 \, \xi \, \omega^2 \sqrt{\frac{r_{o2}}{s_{min}}} \, (r_{o1} \cos^2 \alpha_M)^3 \sqrt{\sin \alpha_M}$$

$$\int \left(\frac{r}{r_{o1} \cos^2 \alpha_M}\right)^3 \sqrt{\cos^3 \vartheta} \, (1 - 0,448 \sin^2 \nu_B) \, d(tg \, \vartheta)$$

Wir schreiben dafür

$$L_{V_1} = 5,14 \, \xi \, \omega^2 \sqrt{\frac{r_{o2}}{s_{min}}} \, (r_{o1} \cos^2 \alpha_M)^3 \sqrt{\sin \alpha_M}$$

$$\int_{\frac{r_i}{r_{o1} \cos^2 \alpha_M}}^{\frac{r_a}{r_{o1} \cos^2 \alpha_M}} i_V \, d \, \frac{r}{r_{o1} \cos^2 \alpha_M}$$

oder

$$L_{V_1} = 5,14 \, \xi \, \omega^2 \sqrt{\frac{r_{o2}}{s_{min}}} \, (r_{o1} \cos^2 \alpha_M)^3 \sqrt{\sin \alpha_M} \int_0^{tg \, \vartheta_0} i_V' \, d(tg \, \vartheta)$$

mit

$$i_V = \left(\frac{r}{r_{o1} \cos^2 \alpha_M}\right)^3 \sqrt{\frac{\cos^3 \vartheta}{\sin^2 \vartheta}} \, (1 - 0,448 \sin^2 \nu_B) \qquad (114a)$$

oder

$$i_V' = \left(\frac{r}{r_{o1} \cos^2 \alpha_M}\right)^3 \sqrt{\cos^3 \vartheta} \, (1 - 0,448 \sin^2 \nu_B) \qquad (114b)$$

Die Integration über $d(tg \, \vartheta)$, also die Berechnung von i_V', erfolgt für solche B-Linien, die die x-Achse schneiden, da für $\vartheta = 0$ i_V unendlich wird. Zur graphischen Integration schreiben wir

$$\int_{\frac{r_i}{r_{o1} \cos^2 \alpha_M}}^{\frac{r_a}{r_{o1} \cos^2 \alpha_M}} i_V \, d\left(\frac{r}{r_{o1} \cos^2 \alpha_M}\right) = \int_0^{tg \, \vartheta_0} i_V' \, d(tg \, \vartheta) = h_V \, \frac{r_a - r_i}{r_{o1} \cos^2 \alpha_M}$$

$$(115)$$

Für eine __ganze__ B-Linie wird dann

$$L_{V_1} = 5,14\, \xi\, \omega^2 \sqrt{\frac{r_{o2}}{s_{min}}}\, (r_{o1}\, \cos^2 \alpha_M)^3\, \sqrt{\sin \alpha_M}\, \frac{r_a - r_i}{r_{o1}\, \cos^2 \alpha_M}\, 2\, h_V$$

Um die gesamte Verlustleistung zu erhalten, summieren wir die Anteile h_V aller gleichzeitig im Eingriff befindlichen B-Linien. Es ist

$$\sum_{\text{B-Linien}} h_V = H_V$$

h_V wird, wie h_A, über $d\, \dfrac{\cos \alpha_M\, \sin \alpha_M}{r_{o1}\, \cos^2 \alpha_M}$ aufgetragen. H_V schwankt periodisch beim Fortschreiten des Rades von Teilung zu Teilung. Wie bei H_A erklärt, so ist auch hier die Teilung $t\, \dfrac{\cos \alpha_M\, \sin \alpha_M}{r_{o1}\, \cos^2 \alpha_M}$ zu verwenden. Von Belang ist $L_{V\ mittel}$. Es ist

$$H_{V\ mittel} \cdot t\, \frac{\cos \alpha_M\, \sin \alpha_M}{r_{o1}\, \cos^2 \alpha_M} = \int_{-\infty}^{+\infty} h_V\, d\, (d\, \frac{\cos \alpha_M\, \sin \alpha_M}{r_{o1}\, \cos^2 \alpha_M})$$

Das Integral ist die Fläche unter der Kurve h_V über $d\, \dfrac{\cos \alpha_M\, \sin \alpha_M}{r_{o1}\, \cos^2 \alpha_M}$. Es wird graphisch ermittelt, und wir finden

$$L_{V\ mittel} = 5,14\, \xi\, \omega^2 \sqrt{\frac{r_{o2}}{s_{min}}}\, (r_{o1}\, \cos^2 \alpha_M)^3 \sqrt{\sin \alpha_M}$$

$$2\left[H_{V\ mittel} \cdot t\, \frac{\cos \alpha_M\, \sin \alpha_M}{r_{o1}\, \cos^2 \alpha_M} \right] \frac{r_a - r_i}{t\, \cos \alpha_M\, \sin \alpha_M} \tag{116}$$

c) Tragkraft aus der Walzenpressung

Nach Gl.(108a/b) ist für die Symmetriehälfte einer B-Linie

$$A_{H_1} = 2\, K_H\, r_{o2} \int \frac{r^2}{r_{o2}^2}\, \frac{\sin \alpha_M}{\cos^2 \alpha_M}\, \frac{\cos^3 \vartheta}{\sin^2 \vartheta}\, \cos \nu_B\, dr \tag{108a}$$

oder

$$A_{H_1} = 2\, K_H\, r_{o2} \int \frac{r^2}{r_{o2}^2}\, \frac{1}{g'(r)}\, \frac{\sin \alpha_M}{\cos^2 \alpha_M}\, \frac{\cos^3 \vartheta}{\sin \vartheta}\, \cos \nu_B\, d(\operatorname{tg} \vartheta)$$

$$\tag{108b}$$

Für das Geradlinienprofil mit $\alpha_M = $ konst wird

$$A_{H_1} = 2\,K_H\,r_{o2}\,r_{o1}\,\cos^4\alpha_M\,\sin\alpha_M$$

$$\int\left(\frac{r}{r_{o1}\,\cos^2\alpha_M}\right)^2\frac{\cos^3\vartheta}{\sin^2\vartheta}\cos\nu_B\,d\left(\frac{r}{r_{o1}\,\cos^2\alpha_M}\right)$$

Bei B-Linien, die die x-Achse schneiden, wird über $d(\operatorname{tg}\vartheta)$ integriert. Mit Gl.(92) liefert Gl.(108b)

$$A_{H_1} = 2\,K_H\,r_{o2}\,r_{o1}\,\cos^4\alpha_M\,\sin\alpha_M$$

$$\int\left(\frac{r}{r_{o1}\,\cos^2\alpha_M}\right)^2\frac{\cos^3\vartheta}{\sin\vartheta}\cos\nu_B\,d(\operatorname{tg}\vartheta)$$

Wir schreiben dafür

$$A_{H_1} = 2\,K_H\,r_{o2}\,r_{o1}\,\cos^4\alpha_M\,\sin\alpha_M\int_{\frac{r_i}{r_{o1}\cos^2\alpha_M}}^{\frac{r_a}{r_{o1}\cos^2\alpha_M}}i_H\,d\,\frac{r}{r_{o1}\,\cos^2\alpha_M}$$

oder

$$A_{H_1} = 2\,K_H\,r_{o2}\,r_{o1}\,\cos^4\alpha_M\,\sin\alpha_M\int_0^{\vartheta_0}i_H'\,d(\operatorname{tg}\vartheta)$$

mit

$$i_H = \left(\frac{r}{r_{o1}\,\cos^2\alpha_M}\right)^2\frac{\cos^3\vartheta}{\sin^2\vartheta}\cos\nu_B \qquad (117a)$$

bzw.

$$i_H' = \left(\frac{r}{r_{o1}\,\cos^2\alpha_M}\right)^2\frac{\cos^3\vartheta}{\sin\vartheta}\cos\nu_B \qquad (117b)$$

Mit Gl.(109) wird für $\vartheta \to 0$

$$i_H' = \frac{r}{r_{o1}\,\cos^2\alpha_M}\frac{1}{\cos\alpha_M} \qquad (117c)$$

Zur graphischen Integration setzen wir

$$\int_{\frac{r_i}{r_{o1}\cos^2\alpha_M}}^{\frac{r_a}{r_{o1}\cos^2\alpha_M}}i_H\,d\,\frac{r}{r_{o1}\,\cos^2\alpha_M} = \int_0^{\vartheta_0}i_H'\,d(\operatorname{tg}\vartheta) = h_H\,\frac{r_a - r_i}{r_{o1}\,\cos^2\alpha_M}$$

$$(118)$$

und erhalten für eine <u>ganze</u> B-Linie

$$A_{H_1} = 2\,K_H\,r_{o2}\,r_{o1}\,\cos^4\alpha_M\,\sin\alpha_M\,\frac{r_a - r_i}{r_{o1}\,\cos^2\alpha_M}\,2\,h_H$$

Zur Berücksichtigung der Anteile h_H aller gleichzeitig im Eingriff befindlichen B-Linien bilden wir

$$\sum_{\text{B-Linien}} h_H = H_H$$

H_H ändert sich periodisch mit dem Fortschreiten des Rades von Teilung zu Teilung. Von Belang ist die geringste Tragkraft aus der Walzenpressung, also $H_{H\,min}$. In dieser Stellung tritt <u>bei gleicher Axialkraft A_H</u> die größte Walzenpressung $K_{H\,max}$ auf. Wir ersetzen die von Stellung zu Stellung veränderliche Walzenpressung K_H nach Gl.(82):

$$A_H = 4\,K_{H\,max}\,r_{o2}\,r_{o1}\,\cos^4\alpha_M\,\sin\alpha_M\,H_{H\,min}\,\frac{r_a - r_i}{r_{o1}\,\cos^2\alpha_M} \qquad (119)$$

E. Auswertung für das Hohlkreisprofil

Beim Hohlkreisprofil verwenden wir die gefundenen allgemeinen Gleichungen für A, L_V und A_H. Die Grundlage der Untersuchung ist das B-Linienbild im Polarkoordinatensystem $\frac{r}{k}\vartheta$.

a) Hydrodynamische Tragkraft

Wir schreiben Gl.(106) in der Form

$$A_1 = 2{,}45\,\xi\,\omega_1\,\frac{\cos\alpha_{M\,max}}{s_{min}}\cdot r_{o2}\,\frac{k^4}{r_{o1}^2}$$

$$\int \left(\frac{r}{k}\right)^3 \frac{\sin\alpha_M}{\cos^3\alpha_M}\,\frac{\cos^3\vartheta}{\sin^2\vartheta}\,\cos^2\nu_B\,d\!\left(\frac{r}{k}\right)$$

oder

$$A_1 = 2,45 \, \xi \, \omega_1 \, \frac{\cos \alpha_{M \, max}}{s_{min}} \, r_{o2} \, \frac{k^4}{r_{o1}^2} \int_{\frac{r_i}{k}}^{\frac{r_a}{k}} i_A \, d(\tfrac{r}{k})$$

mit

$$i_A = (\tfrac{r}{k})^3 \, \frac{\sin \alpha_M}{\cos^3 \alpha_M} \, \frac{\cos^3 \vartheta}{\sin^2 \vartheta} \, \cos^2 \nu_B \tag{120a}$$

Darin ist nach Gl.(95) und (98)

$$\frac{1}{\cos^2 \nu_B} = 1 + (\frac{k}{r_{o1}} \, \frac{k}{\varrho_M} \, \frac{r}{k} \, \frac{d}{k} \, \frac{\cos^2 \vartheta}{\sin \vartheta} \, \frac{1}{\cos^2 \alpha_M})^2 \tag{121}$$

Für Punkte in der Nähe der x-Achse wird i_A unsicher. In diesem Falle schreiben wir Gl.(120a) in der Form

$$i_A = (\tfrac{r}{k})^3 \, \frac{\sin \alpha_M}{\cos^3 \alpha_M} \, \frac{\cos^3 \vartheta}{\sin^2 \vartheta} \, \frac{\sin^2 \nu_B}{tg^2 \nu_B}$$

Nach Gl.(95) und (98) ist

$$tg^2 \nu_B = (\frac{k}{r_{o1}} \, \frac{k}{\varrho_M} \, \frac{r}{k} \, \frac{d}{k} \, \frac{\cos^2 \vartheta}{\sin \vartheta} \, \frac{1}{\cos^2 \alpha_M})^2$$

und

$$\frac{1}{\sin^2 \nu_B} = 1 + (\frac{r_{o1}}{k} \, \frac{\varrho_M}{k} \, \frac{k}{r} \, \frac{k}{d} \, \frac{\sin \vartheta}{\cos^2 \vartheta} \, \cos^2 \alpha_M)^2$$

Wir setzen beide Ausdrücke in den umgeformten Ausdruck für i_A ein:

$$i_A = \frac{r}{k} \, (\frac{r_{o1}}{k})^2 \, (\frac{k}{d})^2 \, (\frac{\varrho_M}{k})^2 \, \cos \alpha_M \, \sin \alpha_M \, \cos^{-1} \vartheta$$

$$\frac{1}{1 + (\frac{r_{o1}}{k} \, \frac{\varrho_M}{k} \, \frac{k}{r} \, \frac{k}{d} \, \frac{\sin \vartheta}{\cos^2 \vartheta} \, \cos^2 \alpha_M)^2} \tag{120b}$$

Zur graphischen Integration schreiben wir

$$\int_{\frac{r_i}{k}}^{\frac{r_a}{k}} i_A \, d(\tfrac{r}{k}) = h_A \, \frac{r_a - r_i}{k} \tag{122}$$

- 64 -

Zur Berücksichtigung aller gleichzeitig im Eingriff befindlichen B-Linien bilden wir

$$\sum_{\text{B-Linien}} h_A = H_A$$

und erhalten damit die <u>gesamte</u> Tragkraft

$$A = 2,45\,\xi\,\omega\,\frac{r_{o2}}{s_{min}}\,\cos\alpha_{M\,max}\,\frac{k^4}{r_{o1}^2}\,2\,(H_A\,\frac{t}{k})\,\frac{r_a - r_i}{t} \qquad (123)$$

Ist A konstant, so ändert sich s_{min} beim angenommenen Fortschreiten des Rades periodisch mit H_A. Von Belang ist der Kleinstwert min s_{min}. In dieser Stellung ist

$$A = 2,45\,\xi\,\omega\,\frac{r_{o2}}{min\ s_{min}}\,\cos\alpha_{M\,max}\,\frac{k^4}{r_{o1}^2}\,2\,(H_{A\ min}\cdot\frac{t}{k})\,\frac{r_a - r_i}{t}$$
$$(124)$$

b) Hydrodynamische Verlustleistung

Wir schreiben Gl.(107a/b) in der Form

$$L_{V_1} = 5,14\,\xi\,\omega^2\,\sqrt{\frac{r_{o2}}{s_{min}}}\,\sqrt{\cos\alpha_{M\,max}\,\frac{k^4}{r_{o1}}}$$

$$\int(\frac{r}{k})^3\,\sqrt{\frac{\sin\alpha_M}{\cos^5\alpha_M}}\,\sqrt{\frac{\cos^3\vartheta}{\sin^2\vartheta}}\,(1 - 0,448\,\sin^2 \nu_B)\,d(\frac{r}{k})$$

oder mit Gl.(84)

$$L_{V_1} = 5,14\,\xi\,\omega^2\,\sqrt{\frac{r_{o2}}{s_{min}}}\,\sqrt{\cos\alpha_{M\,max}}\,r_{o1}^2\,k^4$$

$$\int(\frac{r}{k})^3\,\frac{r_{o1}}{k}\,\frac{\varrho_M}{k}\,\frac{k}{d}\,\sqrt{\sin\alpha_M\,\cos\alpha_M}\,\sqrt{\cos^3\vartheta}\,(1 - 0,448\,\sin^2\nu_B)\,d(tg\,\vartheta)$$

Wir führen wieder i_V und i_V' ein:

$$L_{V_1} = 5,14\,\xi\,\omega^2\,\sqrt{\frac{r_{o2}}{s_{min}}}\,\sqrt{\cos\alpha_{M\,max}}\,\frac{k^4}{r_{o1}}\,\int_{\frac{r_i}{k}}^{\frac{r_a}{k}} i_V\,d(\frac{r}{k})$$

oder

$$L_{V_1} = 5,14\,\xi\,\omega^2\sqrt{\frac{r_{o2}}{s_{min}}}\,\sqrt{\cos\alpha_{M\,max}}\,\frac{k^4}{r_{o1}}\int_0^{\vartheta_0} i_V'\;d(tg\,\vartheta)$$

Hierin ist

$$i_V = \left(\frac{r}{k}\right)^3\sqrt{\frac{\sin\alpha_M}{\cos^5\alpha_M}}\,\sqrt{\frac{\cos^3\vartheta}{\sin^2\vartheta}}\;(1 - 0,448\,\sin^2 v_B)\qquad (125a)$$

oder

$$i_V' = \left(\frac{r}{k}\right)^3\frac{r_{o1}}{k}\,\frac{\varrho_M}{k}\,\frac{k}{d}\sqrt{\sin\alpha_M\,\cos\alpha_M}\,\sqrt{\cos^3\vartheta}\;(1 - 0,448\,\sin^2 v_B)$$

$$(125b)$$

Bei graphischer Integration wird

$$\int_{\frac{r_i}{k}}^{\frac{r_a}{k}} i_V\;d\left(\frac{r}{k}\right) = \int_0^{\vartheta_0} i_V'\;d(tg\,\vartheta) = h_V\,\frac{r_a - r_i}{k}\qquad (126)$$

Zur Berücksichtigung der Anteile h_V aller gleichzeitig im Eingriff befindlichen B-Linien bilden wir

$$\sum_{\text{B-Linien}} h_V = H_V$$

und erhalten für die __gesamte__ Verlustleistung in einer Getriebestellung

$$L_V = 5,14\,\xi\,\omega^2\sqrt{\frac{r_{o2}}{s_{min}}}\,\sqrt{\cos\alpha_{M\,max}}\,\frac{k^4}{r_{o1}}\,\frac{r_a - r_i}{t}\,2\;\left(H_V\cdot\frac{t}{k}\right)$$

Ersetzen wir das bei konstantem A mit H_A veränderliche s_{min} nach Gl.(71), so wird

$$L_{V\,mittel} = 5,14\,\xi\,\omega^2\sqrt{\frac{r_{o2}}{min\;s_{min}}}\,\sqrt{\cos\alpha_{M\,max}}\,\frac{k^4}{r_{o1}}\,\frac{r_a - r_i}{t}$$

$$2\sqrt{H_{A\,min}}\;\left(\left|\frac{H_V}{H_A}\right|_{mittel}\cdot\frac{t}{k}\right)\qquad (127)$$

c) Tragkraft aus der Walzenpressung

Wir schreiben Gl.(108a) in der Form:

$$A_{H_1} = 2\,K_H\,r_{o2}\,k\int \left(\frac{r}{k}\right)^2 \left(\frac{k}{r_{o1}}\right)^2 \frac{\sin\alpha_M}{\cos^2\alpha_M}\,\frac{\cos^3\vartheta}{\sin^2\vartheta}\,\cos\nu_B\;d\left(\frac{r}{k}\right)$$

oder Gl.(108b) mit Gl.(94)

$$A_{H_1} = 2\,K_H\,r_{o2}\,k\int \frac{\varrho_M}{k}\,\left(\frac{r}{k}\right)^2\,\frac{k}{r_{o1}}\,\frac{k}{d}\,\sin\alpha_M\,\cos\alpha_M\,\frac{\cos^3\vartheta}{\sin\vartheta}$$

$$\cos\nu_B\;d(\operatorname{tg}\vartheta)$$

Wir bezeichnen die Integranden mit i_H bzw. i_H'

$$A_{H1} = 2\,K_H\,r_{o2}\,k\int_{\frac{r_i}{k}}^{\frac{r_a}{k}} i_H\;d\left(\frac{r}{k}\right)$$

oder

$$A_{H_1} = 2\,K_H\,r_{o2}\,k\int_{0}^{\vartheta_0} i_H'\;d(\operatorname{tg}\vartheta)$$

mit

$$i_H = \left(\frac{r}{k}\right)^2 \left(\frac{k}{r_{o1}}\right)^2 \frac{\sin\alpha_M}{\cos^2\alpha_M}\,\frac{\cos^3\vartheta}{\sin^2\vartheta}\,\cos\nu_B \tag{128a}$$

oder

$$i_H' = \left(\frac{r}{k}\right)^2 \frac{\varrho_M}{k}\,\frac{k}{r_{o1}}\,\frac{k}{d}\,\sin\alpha_M\,\cos\alpha_M\,\frac{\cos^3\vartheta}{\sin\vartheta}\,\cos\nu_B \tag{128b}$$

Für $\vartheta \longrightarrow 0$ wird mit Gl.(109) und (94)

$$i_{H,\vartheta=0} = \frac{r}{k}\left(\frac{\varrho_M}{k}\right)^2 \left(\frac{k}{d}\right)^2 \sin\alpha_M\,\cos^3\alpha_M \tag{129}$$

$\cos\nu_B$ in Gl.(128) wird nach Gl.(121) berechnet.

Bei graphischer Integration wird

$$\int_{\frac{r_i}{k}}^{\frac{r_a}{k}} i_H\;d\left(\frac{r}{k}\right) = \int_{0}^{\vartheta_0} i_H'\;d(\operatorname{tg}\vartheta) = h_H\,\frac{r_a - r_i}{k} \tag{130}$$

Zur Berücksichtigung der Anteile h_H aller gleichzeitig im Eingriff befindlichen B-Linien bilden wir

$$\sum_{\text{B-Linien}} h_H = H_H$$

Damit ist die __gesamte__ Tragkraft für eine Getriebestellung

$$A_H = 4\ K_H\ r_{o2}\ k\ \frac{r_a - r_i}{t}\ (H_H\ \tfrac{t}{k}) \tag{131}$$

Ist A_H konstant, so ändert sich K_H periodisch mit H_H. Wir ersetzen das veränderliche K_H nach Gl.(82) und erhalten

$$A_H = 4\ K_{H\ max}\ r_{o2}\ k\ \frac{r_a - r_i}{t}\ (H_{H\ min}\ \tfrac{t}{k}) \tag{132}$$

F. Einfluß der endlichen Radzähnezahl

Wie beim Schneckentrieb mit Steigung führen uns auch beim Schneckentrieb __ohne__ Steigung zwei Korrekturen der Resultate des Schneckentriebes mit unendlicher Radzähnezahl zu den Ergebnissen des Schneckentriebes mit endlicher Radzähnezahl z_2.

Es ist also zu ermitteln:

1. Die Begrenzung des Eingriffsfeldes durch das Rad mit $r_{o2} < \infty$
2. Ein Korrekturfaktor $1 + K_\varrho$ für den Ersatzkrümmungshalbmesser ϱ, dessen zweites Glied im Zähler von Gl.(96) bei $z_2 \approx \infty$ vernachlässigt werden konnte.

Die Ermittlung der Begrenzung des Eingriffsfeldes durch die endliche Zähnezahl wird in gleicher Weise wie beim Schneckentrieb mit Steigung durchgeführt.

Der Zähler von Gl.(96), dessen zweites Glied bei $z_2 = \infty$ vernachlässigt werden konnte, ist

$$r_{o2} + (1 - \frac{r_{o1} - x}{\varrho_1 \sin\alpha}) \frac{r_{o1} - x}{\sin^2\alpha}$$

Die für unendliche Zähnezahl z_2 berechneten ϱ -Werte sind also im Falle endlicher Zähnezahl mit

$$1 + K_\varrho = 1 + \frac{1}{r_{o2}} \left(1 - \frac{r_{o1} - x}{\varrho_1 \, \sin\alpha}\right) \frac{r_{o1} - x}{\sin^2\alpha} \qquad (133)$$

zu multiplizieren.

Beim <u>Geradlinienprofil</u> läßt sich die Berechnung des Korrekturfaktors K_ϱ stark vereinfachen.

Mit $r_{o2} = \frac{1}{2} \, m \, z_2$ und $\varrho_1 \approx \infty$ ist

$$K_\varrho = \frac{2 \, (r_{o1} - x)}{m \, z_2 \, \sin^2\alpha} \qquad (134)$$

Diese einfache Beziehung von K_ϱ läßt weitere Vereinfachungen zu. In den untersuchten Zahnfeldern waren die B-Linien mit guter Näherung Linien x = konst, siehe Bild 17a. Bei Geradlinienprofilen kann auch α näherungsweise konstant gesetzt werden. Für jede B-Linie ist also K_ϱ für eine gewählte Zähnezahl z_2 mit guter Näherung konstant. Die Größe von K_ϱ ist dabei dem Abstand der B-Linie von der Wälzachse proportional. Aus diesem Grunde können wir, anstatt jeden i_A-Wert mit $1 + K_\varrho$ zu multiplizieren, sofort die h_A-Werte im h_A-Diagramm mit $1 + K_\varrho$ multiplizieren. Die h_A-Werte sind hierbei über $d \, \dfrac{\cos\alpha_M \, \sin\alpha_M}{r_{o1} \, \cos^2\alpha_M}$ aufgetragen. Trägt man die K_ϱ-Werte ebenfalls über $d \, \dfrac{\cos\alpha_M \, \sin\alpha_M}{r_{o1} \, \cos^2\alpha_M}$ auf, so erhält man eine Gerade, die für $x = r_{o1}$ durch Null geht. Wir zeichnen also das h_A-Diagramm für das infolge der endlichen Radzähnezahl z_2 verkleinerte Eingriffsfeld und die Gerade der K_ϱ-Werte über $d \, \dfrac{\cos\alpha_M \, \sin\alpha_M}{r_{o1} \, \cos^2\alpha_M}$ auf und korrigieren die h_A-Werte durch Multiplikation mit dem zugehörigen Wert $1 + K_\varrho$. Die Korrektur der h_V- und h_H-Werte kann in gleicher Weise erfolgen. Dabei ist h_V mit $\sqrt{1 + K_\varrho}$ und h_H mit $(1 + K_\varrho)$ zu multiplizieren.

Beim <u>Hohlkreisprofil</u> ist nach Gl.(133)

$$K_\varrho = 2 \left(1 - \frac{\dfrac{r_{o1} - x}{k}}{\dfrac{\varrho_1}{k} \, \sin\alpha}\right) \frac{\dfrac{r_{o1} - x}{k}}{\dfrac{m}{r_m} \, \sin^2\alpha \, \dfrac{r_m}{k} \, z_2} \qquad (135)$$

Ist in der Differentialgleichung der B-Linie Gl.(27) dy = 0,
so hat die B-Linie an dieser Stelle die Tangente y = konst. Sie
verläuft also parallel zur x-Achse. Dann ist nach Gl.(27)

$$\frac{\partial z}{\partial x} + \frac{1}{\frac{\partial z}{\partial x}} + \frac{r_{o1} - x}{(\frac{\partial z}{\partial x})^2} \frac{\partial^2 z}{\partial x^2} = 0$$

Nach Gl.(58) ist damit auch

$$\frac{\varrho_1 - a_o}{\varrho_1} = 1 - \frac{a_o}{\varrho_1} = 0 \qquad \text{oder} \qquad a_o = \varrho_1$$

oder mit Gl.(33)

$$\varrho_1 \sin \alpha = r_{o1} - x$$

Für solche Stellen ist nach Gl.(135) der Korrekturwert K_ϱ gleich
Null.

Für B-Linien, die <u>nahezu</u> senkrecht verlaufen, ist die Berechnung
von K_ϱ nach Gl.(135) unsicher. Die in Abschnitt III A/B abgeleiteten Beziehungen führen uns für diese Stellen auf die Form

$$K_\varrho = 2 \, \frac{r_{o1}}{k} \, \frac{\frac{r_{o1} - x}{k}}{\frac{r}{k}} \, \frac{r_m}{m} \, \frac{k}{r_m} \, \frac{1}{z_2} \, (\text{tg } \vartheta + \text{tg } \nu) \, \frac{\sin \vartheta}{\cos^2 \vartheta} \left\{ (\frac{\frac{\varrho}{k}}{1 - \frac{r}{k}})^2 - 1 \right\}$$

$$(136)$$

Teil IV

Aufstellung von Vergleichswerten

Die Beurteilung der Schneckentriebe erfolgt durch Vergleichswerte. Diese werden ermittelt

a) für die hydrodynamische Tragkraft A der Schnecke,
b) für die hydrodynamische Verlustleistung. Von Belang ist die mittlere Verlustleistung bei gleicher hydrodynamischer Tragkraft A, also der Wert von $\frac{LV \text{ mittel}}{A}$,
c) für die Tragkraft A_H der Schnecke auf Grund der H e r t z' schen Pressung.

A. Ableitung der Vergleichswerte J

a) Hydrodynamische Tragkraft

Als Vergleichswert für die Tragkraft A definieren wir die Größe $J_{A\,min}$:

$$A = 2{,}45\,\xi\,\omega_{min}\,\frac{r_{o2}}{s_{min}}\,r_m^{\,2}\,2\,\frac{r_a - r_i}{t}\,J_{A\,min} \tag{137}$$

Damit finden wir:

Beim Schneckentrieb mit Steigung nach Gl.(72)

$$J_{A\,min} = \cos\tau_{max}\,\frac{h}{2\pi}\,H_{A\,min}\,\frac{t}{2\,r_m^{\,2}} \tag{138}$$

Beim Schneckentrieb ohne Steigung mit Geradlinienprofil nach Gl.(112)

$$J_{A\,min} = \left(\frac{r_{o1}\,\cos^2\alpha_M}{r_m}\right)^2 \cos\alpha_M \left[H_{A\,min}\,t\,\frac{\cos\alpha_M\,\sin\alpha_M}{r_{o1}\,\cos^2\alpha_M}\right] \tag{139}$$

Beim Schneckentrieb ohne Steigung mit Hohlprofil nach Gl.(124)

$$J_{A\,min} = \frac{k^4}{r_{o1}{}^2\, r_m{}^2} \cos \alpha_{M\,max} \left[H_{A\,min} \cdot \frac{t}{k} \right] \qquad (140)$$

b) Hydrodynamische Verlustleistung $L_{V\,mittel}$ bei gleicher Tragkraft A

Wir schreiben für die hydrodynamische Verlustleistung

$$L_{V\,mittel} = 5,14\,\xi\,\omega^2 \sqrt{\frac{r_{o2}}{s_{min}}}\; r_m{}^3\; 2\, \frac{r_a - r_i}{t}\; J_{V\,mittel} \qquad (141)$$

Wir ersetzen das veränderliche s_{min}. Bei konstantem A ist nach Gl.(71) oder nach Gl.(137)

$$\frac{s_{min}}{min\, s_{min}} = \frac{H_A}{H_{A\,min}} = \frac{J_A}{J_{A\,min}}$$

Hiermit ist

$$L_{V\,mittel} = 5,14\,\xi\,\omega^2 \sqrt{\frac{r_{o2}}{min\, s_{min}}}\; r_m{}^3\; 2\, \frac{r_a - r_i}{t}$$

$$\left| \frac{J_V}{\sqrt{J_A}} \right|_{mittel} \sqrt{J_{A\,min}} \qquad (142)$$

Mit Gl.(137) wird

$$\frac{L_{V\,mittel}}{A} = \frac{5,14}{2,45} \sqrt{\frac{min\, s_{min}}{r_{o2}}}\; \omega r_m \left| \frac{J_V}{\sqrt{J_A}} \right|_{mittel} \frac{1}{\sqrt{J_{A\,min}}} \qquad (143)$$

Hierin ist

$$J_{RV} = \left| \frac{J_V}{\sqrt{J_A}} \right|_{mittel} \frac{1}{\sqrt{J_{A\,min}}} \qquad (144)$$

der allgemeine Vergleichswert für die hydrodynamische Verlustleistung $L_{V\,mittel}$ bei gleicher Tragkraft A.

Beim <u>Schneckentrieb mit Steigung</u> bilden wir mit Gl.(72) und (76)

$$\frac{L_{V\,mittel}}{A} = \frac{2,3}{2,45} \sqrt{\frac{min\, s_{min}}{\cos \tau_{max}}}\; \omega\, \frac{h}{2\,\pi}\, \frac{1}{r_{o2}} \left| \frac{H_V}{\sqrt{H_A}} \right|_{mittel} \frac{1}{\sqrt{H_{A\,min}}}$$

und finden durch Vergleich mit Gl.(143) und (144)

$$J_{RV} = \frac{2,3}{2,45} \frac{1}{\sqrt{\cos \tau_{max}}} \frac{h}{2 \pi r_m} \left| \frac{H_V}{\sqrt{H_A}} \right|_{mittel} \frac{1}{\sqrt{H_{A\,min}}} \qquad (145)$$

Beim <u>Schneckentrieb ohne Steigung mit Geradlinienprofil</u> schwankt H_A bzw. J_A nur wenig beim Fortschreiten des Rades von Teilung zu Teilung. Der Vergleichswert für die Verlustleistung $L_{V\,mittel}$ bei gleicher Tragkraft ist daher durch den Ausdruck $\frac{J_{V\,mittel}}{J_{A\,mittel}}$ hinreichend genau bestimmt. Nach Gl.(141) und Gl.(116) ist

$$J_{V\,mittel} = \left[H_{V\,mittel} \; t \; \frac{\cos \alpha_M \sin \alpha_M}{r_{o1} \cos^2 \alpha_M} \right] (\frac{r_{o1} \cos^2 \alpha_M}{r_m})^3$$

$$\frac{1}{\cos \alpha_M \sqrt{\sin \alpha_M}} \qquad (146)$$

und entsprechend Gl.(139)

$$J_{A\,mittel} = (\frac{r_{o1} \cos^2 \alpha_M}{r_m})^2 \cos \alpha_M \left[H_{A\,mittel} \; t \; \frac{\cos \alpha_M \sin \alpha_M}{r_{o1} \cos^2 \alpha_M} \right]$$

$$(147)$$

Beim <u>Schneckentrieb ohne Steigung mit Hohlkreisprofil</u> bilden wir mit Gl.(127) und (124)

$$\frac{L_{V\,mittel}}{A} = \frac{5,14}{2,45} \omega \sqrt{\frac{min\;s_{min}}{r_{o2}}} \frac{r_{o1}}{\sqrt{\cos \alpha_{M\,max}}} \frac{1}{\sqrt{H_{A\,min}}} \left| \frac{H_V}{\sqrt{H_A}} \right|_{mittel}$$

und finden durch Vergleich mit Gl.(143/144)

$$J_{RV} = \frac{r_{o1}}{r_m} \cdot \frac{1}{\sqrt{\cos \alpha_{M\,max}}} \frac{1}{\sqrt{H_{A\,min}}} \cdot \left| \frac{H_V}{\sqrt{H_A}} \right|_{mittel} \qquad (148)$$

c) Tragkraft aus der Walzenpressung

Wir schreiben für die Axialkraft aus der Walzenpressung

$$A_H = 4 \; K_{H\,max} \; r_{o2} \frac{r_a - r_i}{t} r_m \; J_{H\,min} \qquad (149)$$

$J_{H\ min}$ ist unser Vergleichswert.

Beim <u>Schneckentrieb mit Steigung</u> ist dann nach Gl.(83)

$$J_{H\ min} = \frac{\pi}{2} \frac{m}{r_m}\, H_{H\ min} \qquad (150)$$

Beim <u>Schneckentrieb ohne Steigung mit Geradlinienprofil</u> ist nach Gl.(119)

$$J_{H\ min} = \frac{r_{o1}\cos^2\alpha_M}{r_m}\cos\alpha_M\left[H_{H\ min}\ t\ \frac{\cos\alpha_M\ \sin\alpha_M}{r_{o1}\cos^2\alpha_M}\right] \qquad (151)$$

Beim <u>Schneckentrieb ohne Steigung mit Hohlkreisprofil</u> ist nach Gl.(132)

$$J_{H\ min} = \frac{k}{r_m}\, H_{H\ min}\ \frac{t}{k}$$

Die abgeleiteten Vergleichswerte $J_{A\ min}$, J_{RV} und $J_{H\ min}$ dienen zur Beurteilung des Einflusses der verschiedenen Maßverhältnisse am Schneckentrieb für den Fall unendlicher und auch endlicher Radzähnezahl.

B. Ableitung der Vergleichswerte V

Beim Vergleich verschiedener Schneckentriebe werden wir folgende Abmessungen und Größen dieselben lassen:

1. Achsabstand a, also gleiche Baugröße des Getriebes
2. Winkelgeschwindigkeit ω der Schnecke
3. Zähigkeit ζ des Schmiermittels
4. Kleinster für den Zustand flüssiger Reibung zulässiger Schmierspalt min s_{min}
5. Größte Walzenpressung $K_{H\ max}$ bei Berücksichtigung der H e r t z'schen Pressung.

Um die Getriebe unter diesen Voraussetzungen zu vergleichen, führen wir Vergleichswerte V ein, die wir aus den J-Werten berechnen.

- 74 -

Diese Vergleichswerte V lassen sich nur für Getriebe mit endlicher Zähnezahl berechnen. Sie geben die Möglichkeit, auch
andersartige Schneckentriebe, z.B. Globoidschneckentriebe, unter der angegebenen Voraussetzung mit Zylinderschneckentrieben
zu vergleichen.

Wir definieren diese Vergleichswerte folgendermaßen:

a) Hydrodynamische Tragkraft

$$M_{Rad} = \frac{\xi \, \omega a^4}{min \; s_{min}} \; V_{M_{Rad}} \qquad (153)$$

Darin ist M_{Rad} das hydrodynamisch am Rade übertragbare Moment
und $V_{M_{Rad}}$ der zugehörige Vergleichswert.

Wir ersetzen in Gl.(137) folgende Größen:

$$t = m \, \pi$$
$$r_{o2} = m \, \frac{z_2}{2}$$
$$r_m = m \, \frac{r_m}{m}$$

Wir drücken m durch den Achsabstand a aus. Dazu schreiben wir

$$a = r_{o1} + r_{o2} = r_m + n \, m + \frac{z_2}{2} \, m = m \, (\frac{r_m}{m} + n + \frac{z_2}{2})$$

Es ist dann

$$m = a \, (\frac{r_m}{m} + n + \frac{z_2}{2})^{-1} \qquad (154)$$

Darin ist n eine reine Zahl, die angibt, um wieviel Modullängen
r_{o1} größer oder kleiner als r_m ist

$$n = \frac{r_{o1} - r_m}{m} \qquad (155)$$

Wir erhalten mit Gl.(137)

$$M_{Rad} = A \, r_{o2} = \frac{\xi \, \omega a^4}{min \; s_{min}} \; 0,78 \; \frac{z_2^2 \, (\frac{r_m}{m})^2}{(\frac{r_m}{m} + n + \frac{z_2}{2})^4} \; J_{A \; min}$$

und

$$V_{M\,Rad} = 0,78 \, \frac{z_2^{\,2} \left(\dfrac{r_m}{m}\right)^2}{\left(\dfrac{r_m}{m} + n + \dfrac{z_2}{2}\right)^4} \, J_{A\,min} \qquad (156)$$

b) Relativer hydrodynamischer Verlust

$$\frac{L_{V\,mittel}}{i\,L_A} = \sqrt{\frac{\min s_{min}}{a}} \, \frac{1}{i} \, V_{RV} \qquad (157)$$

Um den relativen Verlust des Getriebes zu bestimmen, müssen wir $L_{V\,mittel}$ mit der übertragenen Leistung L_A vergleichen. Diese ist

$$L_A = M_{Rad} \, \omega_{Rad} = A \, \omega_1 \, \frac{h}{2\pi}$$

Bei Schnecken ohne Steigung ist ω_{Rad} bzw. h gleich Null. Damit wird $L_A = 0$ und der relative Verlust $\dfrac{L_{V\,mittel}}{L_A}$ unendlich. Wir bilden darum nicht

$$\frac{L_{V\,mittel}}{L_A} = \frac{L_{V\,mittel}}{M_{Rad} \, \omega_{Rad}}$$

sondern mit $\omega_{Rad} = \dfrac{1}{i} \, \omega_1$

$$\frac{L_{V\,mittel}}{M_{Rad} \, \omega_1} = \frac{L_{V\,mittel}}{i\,L_A}$$

Zur Beurteilung des relativen Verlustes verwenden wir nach Gl. (157) den Vergleichswert $\dfrac{1}{i} \, V_{RV}$.

Zu seiner Berechnung schreiben wir mit Gl.(143) und (144)

$$\frac{1}{i} \, \frac{L_V}{L_A} = \frac{1}{i} \, \frac{L_V}{A \, r_{o2} \, \omega_2} = \frac{5,14}{2,45} \, \frac{\sqrt{\min s_{min}}}{r_{o2} \, \sqrt{r_{o2}}} \, \frac{r_m}{m} \, m \, J_{RV}$$

r_{o2} wird durch m ausgedrückt. Mit m nach Gl.(154) ist

$$\frac{L_{V\,mittel}}{i\,L_A} = \sqrt{\frac{\min s_{min}}{a}} \cdot 5,93 \, \frac{r_m}{m} \, \frac{J_{RV}}{z_2^{\,3/2}} \sqrt{\frac{r_m}{m} + n + \frac{z_2}{2}}$$

Darin ist unser Vergleichswert

$$\frac{1}{i}\, V_{RV} = 5,93\; \frac{r_m}{m}\; \frac{J_{RV}}{z_2^{3/2}}\; \sqrt{\frac{r_m}{m} + n + \frac{z_2}{2}} \tag{158}$$

c) Tragkraft aus der Walzenpressung

$$M_{Rad,Hertz} = K_{H\,max}\; a^3\; V_{M_{Rad,Hertz}} \tag{159}$$

Darin ist $M_{Rad,Hertz}$ das bei gegebener Walzenpressung am Rade übertragbare Moment und $V_{M_{Rad,Hertz}}$ der zugehörige Vergleichswert. Wir bilden $M_{Rad,Hertz}$ mit Gl.(149). Hierin ersetzen wir r_{o2}, $r_a - r_i$, t und r_m durch m bzw. $\frac{r_m}{m}$. m ersetzen wir nach Gl. (154) durch a. Damit wird

$$M_{Rad,Hertz} = A_H\, r_{o2} = K_H\; a^3\; \frac{2}{\pi}\; \frac{r_m}{m}\; \frac{z_2^2}{\left(\frac{r_m}{m} + n + \frac{z_2}{2}\right)^3}\; J_{H\,min}$$

Es ist unser Vergleichswert

$$V_{M_{Rad,Hertz}} = \frac{2}{\pi}\; \frac{r_m}{m}\; \frac{z_2^2}{\left(\frac{r_m}{m} + n + \frac{z_2}{2}\right)^3}\; J_{H\,min} \tag{160}$$

Teil V

Rechnungsgang zur Ermittlung der Vergleichswerte

Anhand von zwei Beispielen wird der Weg zur Berechnung der
Vergleichswerte J und V gezeigt

A. Beispiel der Untersuchung
eines Schneckentriebes mit Steigung

Die Vergleichswerte J bzw. V für einen Schneckentrieb mit
einer 4-gängigen Schnecke sind zu berechnen. Die Schnecke hat
im axialen Mittelschnitt ein Hohlkreisprofil mit $\frac{\varrho_M}{k} = \frac{1}{1,4}$. Der
Modul ist $m = 0,2\ r_m$. Die Wälzlinie geht durch den Kopfkreis
der Schnecke. Es ist also $\frac{r_m}{r_{o1}} = \frac{5\ m}{(5 + 1)\ m} = \frac{5}{6}$. Der mittlere
Profilwinkel ist

$$\alpha_M \approx 20^o$$

Damit wird

$$\frac{r_{o1}}{k} = 0,9$$

Wir vereinfachen das Rechenbeispiel dadurch, daß wir die Berechnung für den Fall $z_2 = \infty$ durchführen. Dabei werden Hin-
weise gegeben, wie diese Ergebnisse für den Fall $z_2 = 50$ abzu-
ändern sind.

Die Form des Zahnfeldes ist in Bild 13a eingezeichnet. Die
Kopfspiele von Schnecken- und Radzahn sind für die Untersuchung
ohne Bedeutung und werden fortgelassen.

Wir wählen zur zeichnerischen Darstellung des Zahnfeldes
$k = 20$ cm. Dann ist

$$r_m = \frac{5}{6}\ 0,9\ k = 15\ \text{cm} \qquad t = m \cdot \pi = 9,43\ \text{cm}$$

$$m = \frac{r_m}{5} = 3\ \text{cm} \qquad h = z_1 \cdot t = 37,7\ \text{cm}$$

$$r_a = r_m + m = 18\ \text{cm} \qquad \frac{h}{2\pi} = 6\ \text{cm}$$

$$r_i = r_m - m = 12\ \text{cm} \qquad r_{o1} = 18\ \text{cm}$$

$$\varrho_M = \frac{k}{1,4} = 14,3\ \text{cm}$$

Zuerst sind die B-Linien in das im xy-Koordinatensystem eingezeichnete Zahnfeld einzuzeichnen. Ihre Berechnung geschieht
nach Gl.(23). Wir wählen dazu $\vartheta = 0^{\circ}$, $\pm 5^{\circ}$, $\pm 10^{\circ}$ usw., wobei
jedem Winkel ϑ eine Radiale im Zahnfeld entspricht. Auf den
Radialen nehmen wir die Werte r = 12, 13 usw. bis 18 cm und
berechnen für diese Punkte die Werte d nach Gl.(23):

$$d = \vartheta \frac{h}{2\pi} - \sqrt{\varrho_M^2 - (k - r)^2}$$
$$+ \frac{2\,r\,\pi\,(r_{o1} - r\cos\vartheta)\,\sqrt{\varrho_M^2 - (k - r)^2}}{2\,r\,\pi\,(k - r)\cos\vartheta + h\sin\vartheta\,\sqrt{\varrho_M^2 - (k - r)^2}}$$

Im Punkte $\vartheta = + 10^{\circ}$; r = 16 cm im Zahnfeld ist z.B.

$$d = +1{,}048 - \sqrt{14{,}3^2 - (20 - 16)^2}$$
$$+ \frac{2\cdot16\,\pi\,(18 - 16\cos 10^{\circ})\,\sqrt{14{,}3^2 - (20 - 16)^2}}{2\cdot16\,\pi\,(20-16)\cos 10^{\circ} + 37{,}7\,\sqrt{14{,}3^2 - (20-16)^2}} = -\,6{,}37\ \text{cm}$$

Zur Ermittlung der B-Linien d = konst tragen wir die berechneten Werte d über einer jeden Radialen ϑ = konst auf. Dann werden die Werte d = 0 cm, $\pm$ 2 cm, $\pm$ 4 cm usw. gewählt und für
diese Werte auf einer jeden Radialen die zugehörigen r-Werte
bestimmt. So werden die Punkte ϑ , r gefunden, für die d =
konst ist. Ihre Eintragung in das Zahnfeld liefert den Verlauf der B-Linien (Bild 13a).

Soll der Einfluß einer endlichen Radzähnezahl z_2 = 50 berück-
sichtigt werden, so ist die Begrenzung des Eingriffsfeldes
durch die Außenkreise des Rades zu ermitteln. Das geschieht
wie folgt:

1. Es werden einige Parallelschnitte y = konst in Bild 13a
   ausgewählt. Wir beschränken uns im Bilde auf den P-Schnitt
   y = + 4 cm
2. Die Schnittpunkte dieses Parallelschnittes mit den B-Linien
   im Zahnfeld und in der xy-Ebene übertragen wir in die xz-
   Ebene. Diese Ebene zeigt die Seitenansicht der Schnecke
   oder die Stirnansicht des Rades. Bei der Übertragung ist

$$x = r \cos \vartheta$$

und nach Gl.(84)

$$z = f(r) - \frac{h}{2\pi} \vartheta + d$$

Beim Hohlkreisprofil ist nach Gl.(14)

$$f(r) = \sqrt{\varrho_M^2 - (k - r)^2}$$

In Bild 13a schneidet die P-Ebene mit $y = + 4$ cm die B-Linie $d = - 2$ cm im Punkte E mit den Koordinaten $r_E = 12,70$ cm und $\vartheta_E = 18,22^\circ$. Die Koordinaten x_E, z_E dieses Punktes sind somit

$$x_E = 12,70 \cos 18,22^\circ = 12,10 \text{ cm}$$

und

$$z_E = \sqrt{14,3^2 - (20 - 12,70)^2} - 6 \cdot 0,318 - 2 = 8,40 \text{ cm}$$

So werden einige Punkte der Eingriffslinie des P-Schnittes $y = + 4$ cm berechnet und diese in Bild 13b aufgezeichnet. Die Verbindung aller so ermittelten Eingriffspunkte des P-Schnittes gibt die Eingriffslinie. Sie geht stets durch den Wälzpunkt C mit den Koordinaten $x = a - r_{o2}$, $z = 0$.

3. Die Außenkreise der Schnitte durch den Globoidkörper des Rades werden aus Bild 13a in Bild 13b übertragen und damit der Anfangspunkt des Eingriffes auf der Eingriffslinie bestimmt. Der Außenkreis des Rades im P-Schnitt $y = + 4$ cm schneidet die in Bild 13b eingetragene Eingriffslinie im Punkt D.

4. Der Punkt D wird in Bild 13a übertragen. Die Verbindung der für die ausgewählten P-Schnitte gefundenen Punkte D ist die Begrenzung des Eingriffsfeldes für die Radzähnezahl $z_2 = 50$. Sie ist in Bild 13a gestrichelt eingezeichnet.

Entlang der in Bild 13a gezeichneten B-Linien werden dann die Integranden i_A, i_V und i_H berechnet. Dazu werden für jede zu untersuchende B-Linie einige Punkte ausgewählt. Die Koordinaten dieser Punkte sind r_z und ϑ. Zusammen mit den gegebenen Daten des Getriebes werden dann die Integranden berechnet. Bilden die B-Linien mit der Umfangsrichtung der Schnecke kleine Winkel, wie z.B. die B-Linien $d = - 14$ bis $- 3$, so ist über ϑ zu integrieren. Bilden sie

- 80 -

kleine Winkel mit den Radialen der Schnecke, wie z.B. die B-Linien d = - 2 bis + ∞ , so ist über dr zu integrieren.

Nach Gl.(68a/b) ist

$$i_A = \frac{n^2 \sqrt{1 + tg^2\tau \; cos^2(\sigma + \nu)}}{cos\,\nu \; sin\,\alpha \sqrt{1 - sin^2\tau \; sin^2(\sigma - \vartheta)}} \; (2\,n - \frac{sin\,\varepsilon}{sin\,\gamma})$$

$$i_A' = \frac{r\,n^2 \sqrt{1 + tg^2\tau \; cos^2(\sigma + \nu)}}{sin\,\nu \; sin\,\alpha \sqrt{1 - sin^2\tau \; sin^2(\sigma - \vartheta)}} \; (2\,n - \frac{sin\,\varepsilon}{sin\,\gamma})$$

Nach Gl.(73a/b) ist

$$i_V = \frac{n \sqrt{1 + tg^2\tau \; cos^2(\sigma + \nu)}}{cos\,\nu \sqrt{sin\,\alpha \; cos\,\tau} \sqrt{1 - sin^2\tau \; sin^2(\sigma - \vartheta)}}$$
$$\left[(2\,n - \frac{sin\,\varepsilon}{sin\,\gamma})^2 + \frac{1,238}{sin^2\gamma} \right]$$

$$i_V' = \frac{r\,n \sqrt{1 + tg^2\tau \; cos^2(\sigma + \nu)}}{sin\,\nu \sqrt{sin\,\alpha \; cos\,\tau} \sqrt{1 - sin^2\tau \; sin^2(\sigma - \vartheta)}}$$
$$\left[(2\,n - \frac{sin\,\varepsilon}{sin\,\gamma})^2 + \frac{1,230}{sin^2\gamma} \right]$$

Nach Gl.(79a/b) ist

$$i_H = i_A \; \frac{cos\,\tau}{(2\,n - \frac{sin\,\varepsilon}{sin\,\gamma})}$$

$$i_H' = i_A' \; \frac{cos\,\tau}{(2\,n - \frac{sin\,\varepsilon}{sin\,\gamma})}$$

Nach Gl.(66a) ist darin

$$n = \frac{cos\,(\vartheta + \nu)}{\left[\frac{r_{o1}}{\rho_1} \frac{tg\,\vartheta}{cos\,\alpha} - \frac{r_{o1} - \frac{r\,cos\,\vartheta}{cos^2\alpha}}{tg^2\alpha} (- \frac{tg\,\vartheta}{\rho_1 cos\,\alpha} - \frac{tg\,\alpha\;tg\,\vartheta}{r\,cos\,\vartheta} + \frac{tg\,\gamma}{r\,cos^2\vartheta}) \right] cos\,\tau \sqrt{1 + tg^2\tau \; cos^2(\sigma + \nu)}}$$

oder bei $(\vartheta + \nu) \approx \frac{\pi}{2}$ nach Gl.(66b)

$$n = \frac{sin^2\alpha \; cos\,\alpha \; sin\,(\vartheta + \nu)}{\left[sin\,\alpha - \frac{r_{o1} - r\,cos\,\vartheta}{\rho_1} \right] cos\,\tau \sqrt{1 + tg^2\tau \; cos^2(\sigma + \nu)}}$$

Die Ermittlung der in diesen Gleichungen vorkommenden Größen
zeigt folgendes Schema:

Gesucht	ϱ_1	α	γ	ε	δ	τ	ν	$(90^o-\delta)_B$	$(\delta+\nu)_B$	α_M	r_{o1}; r; ϑ'
Berechnet nach Gl.	18*	17*	19	56	36*	35*	30	57	39	15	durch Getriebe od. Annahme eines B-Punktes gegeben

Alle so berechneten Integranden i gelten für $z_2 = \infty$. Soll der
Einfluß einer endlichen Radzähnezahl $z_2 = 50$ ermittelt werden,
so ist i_A bzw. i_A' sowie i_H bzw. i_H' mit $1 + K_\varrho$ und i_V bzw. i_V'
mit $\sqrt{1 + K_\varrho}$ zu multiplizieren. Dabei ist nach Gl.(85)

$$K_\varrho = \frac{a_o \left(1 - \frac{a_o}{\varrho_1}\right)}{r_{o2}\,\sin\alpha}$$

mit

$$a_o = \frac{r_{o1} - r\cos\vartheta}{\sin\alpha} \quad \text{nach Gl.(33)}$$

und

$$r_{o2} = m\,\frac{z_2}{2}$$

Um die Vergleichswerte zu finden, gehen wir wie folgt vor:

1. Wir zeichnen i_A', i_V' und i_H' über ϑ (Bild 14a/c für d = - 8
   bei $z_2 = \infty$ und $z_2 = 50$) bzw. i_A, i_V und i_H über r auf. Dabei
   wird die zur jeweiligen B-Linie gehörige obere und untere
   Begrenzung eingezeichnet. Im Falle unseres Beispieles ist
   nach Bild 13a für d = - 8 die obere Grenze $\vartheta_o = + 19,18^o$ und
   die untere Grenze $\vartheta_u = - 13,06^o$. Die Grenzen dieser B-Linie
   würden auch im Falle einer endlichen Zähnezahl $z_2 = 50$ nicht
   verändert.

2. Wir bilden innerhalb der Grenzen der B-Linie die Mittelwerte
   $i_{A\,mittel}'$, $i_{V\,mittel}'$ und $i_{H\,mittel}$. Nach Bild 14 wird für
   d = - 8 bei $z_2 = \infty$

$$i_A'\,mittel = 9,6$$
$$i_V'\,mittel = 181$$
$$i_H'\,mittel = 9,6$$

3. Nun berechnen wir nach Gl.(69) h_A, nach Gl.(74) h_V und nach

Gl.(80) h_H. Wir erhalten für unser Beispiel bei d = - 8 cm

$$h_A = i_A'\text{mittel} \; \frac{\vartheta_o - \vartheta_u}{r_a - r_i} = 9,6 \; \frac{0,335 + 0,228}{18 - 12} = 0,90$$

$$h_V = i_V'\text{mittel} \; \frac{\vartheta_o - \vartheta_u}{r_a - r_i} = 181 \; \frac{0,335 + 0,228}{18 - 12} = 17$$

$$h_H = i_H'\text{mittel} \; \frac{\vartheta_o - \vartheta_u}{r_a - r_i} = 9,6 \; \frac{0,335 + 0,228}{18 - 12} = 0,90$$

Dabei ist $r_a - r_i$ = 6 cm die Zahnfeldbreite. $\vartheta_o - \vartheta_u$ ist der Integrationsbereich der B-Linie im Zahnfeld oder, bei $z_2 < \infty$, im Eingriffsfeld. – Die Werte h_A, h_V und h_H tragen wir über der Stellung d in Bild 15 und 16 auf.

4. Da nicht nur ein Zahn sondern mehrere Zähne gleichzeitig im Eingriff sind, bilden wir die Summe

$$H_A = \sum_{\text{B-Linien}} h_A$$

$$H_V = \sum_{\text{B-Linien}} h_V$$

und

$$H_H = \sum_{\text{B-Linien}} h_H$$

Das Intervall von einer B-Linie zur nächsten gleichzeitig im Eingriff befindlichen B-Linie ist die Teilung
$t = m \cdot \pi = 3 \cdot \pi = 9,43$ cm.

5. H_A, H_V und H_H werden über einer Teilung t aufgetragen und die Kleinstwerte $H_{A\,min}$ und $H_{H\,min}$ festgestellt. Wir finden in Bild 15 $H_{A\,min}$ = 4,42 und in Bild 16 $H_{H\,min}$ = 2,58.

6. Für eine Anzahl Stellungen berechnen wir den Quotienten $\dfrac{H_V}{\sqrt{H_A}}$ und tragen ihn über t auf. Wir finden in Bild 15 den Mittelwert $\left| \dfrac{H_V}{\sqrt{H_A}} \right|_{\text{mittel}}$ = 23,35.

7. Wir berechnen die Vergleichswerte J: Nach Gl.(138) ist

$$J_{A\,min} = \cos \tau_{max} \; \frac{h}{2\pi} \; H_{A\,min} \; \frac{t}{2\,r_m^2}$$

Nach Gl.(35*) ist unter Einsatz von Gl.(15) und (19)

$$\cos \tau_{max} = \left\{ 1 + \left[\left(\frac{K - r_{min}}{\sqrt{\varrho_M^2 - (K - r_{min})^2}} \right)^2 + \left(\frac{h}{2\,\pi\,r_{min}} \right)^2 \right] \right\}^{-\frac{1}{2}}$$

Nach Bild 13a ist der kleinste Halbmesser des Eingriffsfeldes im Falle $z_2 = \infty$ $r_{min} = 12$ cm. Im Falle $z_2 = 50$ wäre $r_{min} = 12,4$ cm. Es ist dann

$$\cos \tau_{max} = \left\{ 1 + \left[\left(\frac{20 - 12}{14,3^2 - (20-12)^2} \right)^2 + \left(\frac{6}{12} \right)^2 \right] \right\}^{-\frac{1}{2}} = 0,765$$

Hiermit ist

$$J_{A\,min} = 0,765 \cdot 6 \cdot 4,42 \,\frac{9,43}{2 \cdot 15^2} = 0,425$$

Nach Gl.(145) ist der Vergleichswert für den relativen Verlust:

$$J_{RV} = \frac{2,3}{5,14 \sqrt{\cos \tau_{max}}} \,\frac{h}{2\,\pi\,r_m} \left| \frac{H_V}{\sqrt{H_A}} \right|_{mittel} \frac{1}{\sqrt{H_{A\,min}}}$$

$$J_{RV} = \frac{2,3}{5,14 \sqrt{0,765}} \,\frac{6}{15}\, 23,35 \,\frac{1}{\sqrt{4,42}} = 2,27$$

Nach Gl.(150) ist der Vergleichswert für die Tragkraft aus der Walzenpressung

$$J_{H\,min} = \frac{\pi}{2}\,\frac{m}{r_m}\,H_{H\,min}$$

$$J_{H\,min} = \frac{\pi}{2}\, 0,2 \cdot 2,58 = 0,81$$

Sind die Vergleichswerte J für einen Schneckentrieb mit end-licher Radzähnezahl z_2 berechnet, so lassen sich daraus die Vergleichswerte V berechnen. Zur vereinfachten Darstellung sei an dieser Stelle angenommen, daß die oben berechneten Zahlenwerte J nicht für $z_2 = \infty$ sondern für $z_2 = 50$, also unter Verwendung der mit $1 + K_\varrho$ bzw. $\sqrt{1 + K_\varrho}$ multiplizierten Integranden i_A, i_V und i_H innerhalb der Grenzen des durch die endliche Zähnezahl verkleinerten Eingriffsfeldes berechnet sind. Dann ist nach Gl.(156)

$$V_{M_{Rad}} = 0,78 \; \frac{z_2^2 \; (\frac{r_m}{m})^2}{(\frac{r_m}{m} + n + \frac{z_2}{2})^4} \; J_{A\,min}$$

Darin ist nach Gl.(155)

$$n = \frac{r_{o1} - r_m}{m} = \frac{18 - 15}{3} = + 1$$

$$V_{M_{Rad}} = 0,78 \; \frac{50^2 \cdot 5^2}{(50 + 1 + \frac{50}{2})^4} \; 0,425 = 22,4 \cdot 10^{-3}$$

Nach Gl.(158) ist:

$$\frac{1}{i} \; V_{RV} = 5,93 \; \frac{r_m}{m} \; \frac{J_{RV}}{z_2^{3/2}} \; \sqrt{\frac{r_m}{m} + n + \frac{z_2}{2}}$$

$$\frac{1}{i} \; V_{RV} = 5,93 \cdot 5 \cdot \frac{2,27}{50^{3/2}} \; \sqrt{5 + 1 + \frac{50}{2}} = 1,06$$

Nach Gl.(160) ist:

$$V_{M_{Rad},Hertz} = \frac{2}{\pi} \; \frac{r_m}{m} \; \frac{z_2^2 \; J_{H\,min}}{(\frac{r_m}{m} + n + \frac{z_2}{2})^3}$$

$$V_{M_{Rad},Hertz} = \frac{2}{\pi} \cdot 5 \cdot \frac{50^2 \cdot 0,81}{(5 + 1 + \frac{50}{2})^3} = 0,216$$

Damit ist das Vorgehen bei der Berechnung von Vergleichswerten J und V beim Zylinderschneckentrieb mit Steigung anhand eines Beispieles erklärt.

<u>B. Beispiel der Untersuchung</u>
<u>eines Schneckentriebes ohne Steigung</u>

Es sind die Vergleichswerte $J_{A\,min}$ und J_{RV} für einen Schneckentrieb mit Geradlinienprofil $\alpha_M = 20^o$ zu berechnen. Das Getriebe habe eine sehr geringe Schneckensteigung und einen großen Raddurchmesser. Wir betrachten daher die Schnecke als Rotationskörper ($\gamma = 0$) und nehmen die Zähnezahl des Rades näherungsweise als unendlich an. Der Modul sei $m = 0,2\ r_m$. Die Wälzlinie gehe durch den äußersten Punkt der Schnecke. Es ist also $\dfrac{r_m}{r_{o1}} =$

$= \dfrac{5\ m}{(5 + 1)\ m} = \dfrac{5}{6}$. Die Form des Zahnfeldes ist in Bild 17a eingezeichnet. Es handelt sich dabei um das Zahnfeld C.

Die Ermittlung der B-Linien geschieht nach Gl.(87). Diese Gleichung liefert ein vom Neigungswinkel α_M unabhängiges B-Linienbild. Die Polarkoordinaten des Zahnfeldes sind dabei nicht r und ϑ sondern $\dfrac{r}{r_{o1}\ \cos^2 \alpha_M}$ und ϑ. So ist lediglich die Wälzlinie durch die Neigung des Profiles festgelegt. Wir wählen zur Darstellung in Bild 17a $r_{o1}\ \cos^2 \alpha_M = 10$ cm. Dann ist $r_{o1} = \dfrac{10}{\cos^2 \alpha_M}$

$= \dfrac{10}{\cos^2 20^o} = 11,32$ cm. Für eine jeweils angenommene Stellung $d\ \dfrac{\cos \alpha_M\ \sin \alpha_M}{r_{o1}\ \cos^2 \alpha_M}$ werden dann für einige Werte $\dfrac{r}{r_{o1}\ \cos^2 \alpha_M}$ die zugehörigen Winkel ϑ nach Gl.(87) berechnet. Die B-Punkte der B-Linie $d\ \dfrac{\cos \alpha_M\ \sin \alpha_M}{r_{o1}\ \cos^2 \alpha_M} = $ konst sind dann durch die Polarkoordinaten $\dfrac{r}{r_{o1}\ \cos^2 \alpha_M}$ und ϑ gegeben. Wir nehmen z.B. die B-Linie $d\ \dfrac{\cos \alpha_M\ \sin \alpha_M}{r_{o1}\ \cos^2 \alpha_M} = 0,1 = $ konst und die Halbmesser $\dfrac{r}{r_{o1}\ \cos^2 \alpha_M} = $ $= 1,0;\ 1,1;\ 1,2$ an. Wir verwenden Gl.(87)

$$\cos^{-1} \vartheta = \frac{r}{r_{o1}\ \cos^2 \alpha_M} + d\ \frac{\cos \alpha_M\ \sin \alpha_M}{r_{o1}\ \cos^2 \alpha_M}$$

und finden bei

$$\frac{r}{r_{o1}\ \cos^2 \alpha_M} = 1,0: \quad \cos^{-1} \vartheta = 1,0 + 0,1 = 1,1 \qquad \underline{\vartheta = 24,8^o}$$

$$\frac{r}{r_{o1}\ \cos^2 \alpha_M} = 1,1: \quad \cos^{-1} \vartheta = 1,1 + 0,1 = 1,2 \qquad \underline{\underline{\vartheta = 33,7^o}}$$

$$\frac{r}{r_{o1}\ \cos^2 \alpha_M} = 1,2: \quad \cos^{-1} \vartheta = 1,2 + 0,1 = 1,3 \qquad \underline{\underline{\vartheta = 39,8^o}}$$

Damit wären die Polarkoordinaten $\dfrac{r}{r_{o1}\ \cos^2 \alpha_M}$ und ϑ für drei

- 86 -

Punkte der B-Linie $d \dfrac{\cos \alpha_M \sin \alpha_M}{r_{01} \cos^2 \alpha_M}$ gefunden.

Entlang der im Zahnfeld C verlaufenden B-Linien werden die Integranden i_A und i_V berechnet.

Nach Gl.(110) ist

$$i_A = \left(\dfrac{r}{r_{01} \cos^2 \alpha_M}\right)^3 \dfrac{\cos^3 \vartheta}{\sin^2 \vartheta} \cos^2 \nu_B$$

oder bei Punkten in der Nähe der x-Achse

$$i_A = \dfrac{r}{r_{01} \cos^2 \alpha_M} \dfrac{\sin^2 \nu_B}{\cos \vartheta \cos^2 \alpha_M}$$

Die Integranden i_V des Zahnfeldes C lassen sich nach Gl.(114b) berechnen:

$$i_V' = \left(\dfrac{r}{r_{01} \cos^2 \alpha_M}\right)^3 \sqrt{\cos^3 \vartheta}\ (1 - 0{,}448 \sin^2 \nu_B)$$

Wir berechnen ν_B nach Gl.(98)

$$\operatorname{tg} \nu_B = \operatorname{tg} \nu \cos \alpha_M$$

und ν nach Gl.(93)

$$\operatorname{tg} \nu = \dfrac{r}{r_{01} \cos^2 \alpha_M} \dfrac{\cos^2 \vartheta}{\sin \vartheta}$$

Hiernach werden die Integranden für einige Punkte verschiedener B-Linien $d \dfrac{\cos \alpha_M \sin \alpha_M}{r_{01} \cos^2 \alpha_M} = $ konst berechnet. Um die Vergleichs-werte zu finden, gehen wir wie folgt vor:

1. Wir zeichnen i_A über $\dfrac{r}{r_{01} \cos^2 \alpha_M}$ (Bild 18a) und i_V' über $\operatorname{tg} \vartheta$ (Bild 18b) auf. Dabei wird die zur jeweiligen B-Linie gehö-rige obere und untere Grenze nach Bild 17a eingezeichnet.
2. Wir bilden innerhalb der Grenzen der B-Linie die Mittelwerte $i_{A\,mittel}$ und $i_V'_{mittel}$. Nach Bild 18a/b wird z.B. für

$$d \dfrac{\cos \alpha_M \sin \alpha_M}{r_{01} \cos^2 \alpha_M} = 0{,}1$$

$$i_{A\,mittel} = 0{,}97$$
$$i_V'_{mittel} = 0{,}53$$

3. Nach Gl.(111) berechnen wir h_A und nach Gl.(115) h_V. Wir erhalten im Falle d $\dfrac{\cos \alpha_M \sin \alpha_M}{r_{o1} \cos^2 \alpha_M} = 0,1$

$$h_A = i_{A\ mittel} \frac{r_o - r_u}{r_{o1} \cos^2 \alpha_M} : \frac{r_a - r_i}{r_{o1} \cos^2 \alpha_M} =$$

$$= 0,96 \frac{11,3 - 9,0}{10} : \frac{11,3 - 7,5}{10} = 0,58$$

$$h_V = i_{V}{'}_{mittel} \frac{tg\ \vartheta_o - tg\ \vartheta_u}{r_{o1} \cos^2 \alpha_M} : \frac{r_a - r_i}{r_{o1} \cos^2 \alpha_M} =$$

$$= 0,55 \frac{0,71 - 0}{10} \frac{11,3 - 7,5}{10} = 1,02$$

Die Werte h_A und h_V tragen wir über der Stellung
d $\dfrac{\cos \alpha_M \sin \alpha_M}{r_{o1} \cos^2 \alpha_M}$ in Bild 19 auf.

4. Da mehrere B-Linien gleichzeitig im Eingriff sind, bilden wir die Summen

$$H_A = \sum_{B-Linien} h_A \qquad und \qquad H_V = \sum_{B-Linien} h_V$$

Das Intervall von einer B-Linie zur nächsten gleichzeitig im Eingriff befindlichen B-Linie ist die Teilung t $\dfrac{\cos \alpha_M \sin \alpha_M}{r_{o1} \cos^2 \alpha_M}$. Darin ist mit m = 0,2 r_m:

$$t = m\ \pi = \frac{\pi}{5}\ r_m$$

Wir berechnen r_m. Es ist $\dfrac{r_m}{r_{o1}} = \dfrac{5}{6}$. Mit $r_{o1} = 11,32$ wird

$$r_m = \frac{5}{6}\ 11,32 = 9,43\ cm$$

5. H_A und H_V tragen wir über einer Teilung t $\dfrac{\cos \alpha_M \sin \alpha_M}{r_{o1} \cos^2 \alpha_M}$ auf und finden $H_{A\ min}$, $H_{A\ mittel}$ und $H_{V\ mittel}$. Nach Bild 19 ist

$$H_{A\ min} = 1,61$$
$$H_{A\ mittel} = 1,66$$
$$H_{V\ mittel} = 2,78$$

6. Wir berechnen die Vergleichswerte J. Nach Gl.(139) ist mit
$$t = \frac{\pi}{5}\ r_m = \frac{\pi}{5}\ 9,43$$

$$J_{A\,min} = \left(\frac{r_{o1}\,\cos^2\alpha_M}{r_m}\right)^2 \cos\alpha_M \left[H_{A\,min}\,\frac{t\,\cos\alpha_M\,\sin\alpha_M}{r_{o1}\,\cos^2\alpha_M}\right]$$

$$J_{A\,min} = \left(\frac{10}{9,43}\right)^2 \cos 20^0 \left[1,61\,\frac{\frac{\pi}{5}\,9,43\,\cos 20^0\,\sin 20^0}{10}\right] =$$

$$= 0,326$$

H_A schwankt nur wenig über der Teilung $t\,\dfrac{\cos\alpha_M\,\sin\alpha_M}{r_{o1}\,\cos^2\alpha_M}$ (vgl. Bild 19). Wir bilden daher den Vergleichswert für den relativen Verlust in der Form $\dfrac{J_{V\,mittel}}{J_{A\,mittel}}$. Nach Gl.(146) ist

$$J_{V\,mittel} =$$

$$= \left[H_{V\,mittel}\,\frac{t\,\cos\alpha_M\,\sin\alpha_M}{r_{o1}\,\cos^2\alpha_M}\right]\left(\frac{r_{o1}\,\cos^2\alpha_M}{r_m}\right)^3 \frac{1}{\cos\alpha_M\,\sqrt{\sin\alpha_M}}$$

$$J_{V\,mittel} =$$

$$= \left[\frac{2,78\cdot\frac{\pi}{5}\cdot 9,43\,\cos 20^0\,\sin 20^0}{10}\right]\left(\frac{10}{9,43}\right)^3 \frac{1}{\cos 20^0\,\sqrt{\sin 20^0}} =$$

$$= 1,09$$

Nach Gl.(147) ist

$$J_{A\,mittel} =$$

$$= \left[H_{A\,mittel}\,\frac{t\,\cos\alpha_M\,\sin\alpha_M}{r_{o1}\,\cos^2\alpha_M}\right]\left(\frac{r_{o1}\,\cos^2\alpha_M}{r_m}\right)^2 \cos\alpha_M$$

$$J_{A\,mittel} =$$

$$= \left[\frac{1,66\cdot\frac{\pi}{5}\cdot 9,43\,\cos 20^0\,\sin 20^0}{10}\right]\left(\frac{10}{9,43}\right)^2 \cos 20^0 = 0,336$$

Hiermit wird der relative Verlust

$$\frac{J_{V\,mittel}}{J_{A\,mittel}} = \frac{1,09}{0,336} = 3,24$$

Eine Berechnung von $J_{H\,min}$ würde in ähnlicher Weise wie bei $J_{A\,min}$ erfolgen.

Würde die Untersuchung für den Fall einer endlichen Zähnezahl z_2 durchgeführt, so wäre zunächst die Begrenzung des Eingriffsfeldes durch die endliche Zähnezahl z_2 zu ermitteln. Die Durchführung kann in <u>gleicher</u> Weise erfolgen, wie im vorigen Beispiel erklärt. Zur einfachen Berechnung der korrigierten Vergleichswerte J ist beim <u>Geradlinienprofil</u> folgender Weg geeignet:

1. In Bild 18a und b werden die für die endliche Zähnezahl z_2 gefundenen Grenzen der B-Linien eingetragen. Innerhalb dieser Grenzen wird die Auswertung wie innerhalb der Grenzen für $z_2 = \infty$ durchgeführt. Die sich ergebenden Werte h_A' und h_V' werden über der Stellung $d\,\dfrac{\cos\alpha_M \sin\alpha_M}{r_{01}\cos^2\alpha_M}$ aufgetragen und wie beschrieben über die Werte H_A' und H_V' die Vergleichswerte J_A' und J_V' berechnet.

2. Für eine B-Linie $d\,\dfrac{\cos\alpha_M \sin\alpha_M}{r_{01}\cos^2\alpha_M}$ ist nach Abschnitt III F K_ϱ nahezu konstant. Wir können daher den nach Gl.(134) berechneten Korrekturwert ebenfalls über der Stellung $d\,\dfrac{\cos\alpha_M \sin\alpha_M}{r_{01}\cos^2\alpha_M}$ auftragen.

3. Der zur Abszisse $d\,\dfrac{\cos\alpha_M \sin\alpha_M}{r_{01}\cos^2\alpha_M}$ des <u>Schwerpunktes</u> *) der Fläche unter der h_A'- (bzw. h_V'-) Kurve gehörige Wert K_ϱ ist der resultierende Korrekturwert K_{ϱ_0} des Vergleichswertes. Wir finden also

$$J_{A\ \min\ z_2 < \infty} = (1 + K_{\varrho_0}) \cdot J_A'{}_{\min}$$

$$J_{A\ \text{mittel}\ z_2 < \infty} = (1 + K_{\varrho_0}) \cdot J_A'{}_{\text{mittel}}$$

$$J_{V\ \text{mittel}\ z_2 < \infty} = \sqrt{1 + K_{\varrho_0}} \cdot J_V'{}_{\text{mittel}}$$

$$J_{RV\ z_2 < \infty} = \frac{J_{V\ \text{mittel}\ z_2 < \infty}}{J_{A\ \text{mittel}\ z_2 < \infty}}$$

$$J_{H\ \min\ z_2 < \infty} = (1 + K_{\varrho_0}) \cdot J_H'{}_{\min}$$

---

*) Symbol: ⊙

Teil VI

Ergebnisse der Untersuchungen

A. Aufbau der Beurteilung der Ergebnisse

Zur Beurteilung von Zylinderschneckentrieben ist der Schneckentrieb mit und ohne Steigung untersucht. Der Schneckentrieb ohne
Steigung ist praktisch bedeutungslos; er stellt aber ein gutes
Hilfsmittel zur umfassenden Beurteilung aller Zylinderschnek-
kentriebe mit geringer bis mäßiger Steigung dar. Wir betrachten
die Ergebnisse der Schnecke mit und ohne Steigung nicht getrennt,
sondern bringen eine umfassende Darstellung der Ergebnisse aller Zylinderschneckentriebe. Die Ergebnisse der Schnecke ohne
Steigung werden dabei besonders an solchen Stellen herangezogen,
an denen sie umfassender oder übersichtlicher als diejenigen der
Schnecke mit Steigung sind.

Von besonderer Bedeutung sind die Ergebnisse der Schnecke ohne
Steigung in Verbindung mit denen der Schnecke mit Steigung bei
der Beurteilung des Einflusses der Steigung.

Die Darstellung der Ergebnisse beginnt mit einer qualitativen
Beurteilung des Eingriffes und des Verlaufes der B-Linien.
Hierbei werden Angaben gemacht, wie man den B-Linienverlauf,
der nach dem hier gezeigten Verfahren einfach und sicher zu ermitteln ist, wertmäßig beurteilen kann.

Sodann erfolgt die systematische Beurteilung des Einflusses
der verschiedenen konstruktiven Größen anhand der Vergleichswerte J und V. Es werden untersucht

- a) der Einfluß der Profilform
- b) der Einfluß der Wälzachsanlage
- c) der Einfluß des Zahnfeldwinkels δ
- d) der Einfluß der Zahngröße
- e) der Einfluß der Schneckendicke
- f) der Einfluß der Schneckensteigung

Den Abschluß bildet eine kurze Zusammenfassung der Vorteile
der Hohlprofilschnecke nach G. N i e m a n n .

B. Eingriffsfläche und B-Linien

Die Grundlage der Untersuchung ist der Verlauf der B-Linien.
Schon sie erlauben eine gewisse Beurteilung des Schneckentriebes und stellen somit ein erstes Untersuchungsergebnis dar.

Das anschaulichste Bild zu dieser Beurteilung ist die Projektion der B-Linien auf die Stirnansicht der Schnecke. In dieser Ansicht erscheinen nämlich alle B-Linien in ihrer Lage zur
Umfangsgeschwindigkeit der Schnecke. Diese Geschwindigkeit be-
wirkt insbesondere bei geringer Steigung die Schmierfilmbildung.
In dieser Projektion berechnen wir den Verlauf der B-Linien und
beurteilen sie qualitativ. Diese Projektion dient weiter als
Grundlage für die Berechnungen zur quantitativen Beurteilung
der jeweiligen Eigenschaft des Getriebes.

Um aber auch ein Gesamtbild vom Ablauf des Eingriffes beim Zylinderschneckentrieb zu geben, stellen wir in Bild 20a/c die
Eingriffsfläche mit einigen B-Linien in zwei weiteren Ansichten
dar. Die Form dieser drei Ansichten der Eingriffsfläche ist ty-
pisch für jeden Zylinderschneckentrieb. Wir können dazu folgende Aussagen machen:

1. Zylinderschneckentriebe haben eine breite, im Grundriß
   ungefähr hufeisenförmige Eingriffsfläche (Bild 20c). Diese Eingriffsfläche mit ihren langen B-Linien hat folgende
   Vorteile:
   a) Die übertragenen Kräfte verteilen sich auf _lange_ B-
      Linien
   b) An der Aufnahme der längs der B-Linie entstehenden
      Wärme ist das Rad in seiner ganzen Breite beteiligt.

Sehr nachteilig ist hingegen, daß die Anströmrichtung
solcher B-Linien durch die Umfangsgeschwindigkeit der
Schnecke im allgemeinen stark in Richtung der B-Linie
(vergleiche Bild 20a) verläuft. Es erfolgt also bei hohen
Geschwindigkeiten viel verlustbringende Ölbewegung neben
der nutzbaren Schmierdruckbildung.

2. Die Eingriffsfläche des Zylinderschneckentriebes zeigt im Seitenriß (Bild 20b) eine vorwiegend vom Profilwinkel α_M abhängige Neigung zur Wälzlinie. Dadurch wird nur ein begrenzter Abschnitt des gemeinsamen Durchdringungsgebietes von Schnecke und Rad von der Eingriffsfläche ausgenutzt. Die Eingriffsfläche wird also selbst bei Schnecken mit unendlich großen Rädern auf der Einlaufseite und auf der Auslaufseite begrenzt. So sind weniger Gänge oder Zähne gleichzeitig im Eingriff, als nach dem äußeren Bilde der Durchdringung der Grundkörper Schnecke und Rad Platz haben. Eine wirksame Verlängerung der Schnecke ist also selbst bei größten Rädern nicht möglich. Es ist immer nur eine begrenzte, relativ kleine Anzahl von Zähnen im Eingriff.

Wie ist nun der Verlauf der B-Linien hinsichtlich seines Wertes für die hydrodynamische Schmierdruckbildung P und Verlustleistung L_V zu beurteilen?

Hierzu zunächst eine kurze Betrachtung der Theorie. Nach Gl.(1) und (5*) ist

$$P \text{ proportional } \xi \; \varrho_N \quad w_N \quad s^{-1}$$
und
$$L_V \text{ proportional } \xi \; \varrho_N^{\frac{1}{2}} \quad w_N^2 \quad s^{-\frac{1}{2}}$$

Die Verlustleistung L_V soll möglichst klein, der Schmierdruck P möglichst groß sein. Der relative Verlust ist praktisch gegeben durch $\frac{L_V}{P}$; es wird somit $\frac{L_V}{P}$ proportional $\frac{1}{\sqrt{\varrho_N}}$ w_N $\sqrt{s}$. In diesen Gleichungen sind die Größen w_N und ϱ_N durch die Konstruktion des Schneckentriebes gegeben. Je größer ϱ_N und w_N, desto größer die hydrodynamische Tragkraft, desto sicherer der Zustand flüssiger Reibung. Besonders wichtig ist ϱ_N, da mit wachsendem ϱ_N nicht nur die Tragkraft vergrößert (P proportional ϱ_N), sondern auch der relative Verlust verringert wird ($\frac{L_V}{P}$ proportional $\frac{1}{\sqrt{\varrho_N}}$). Durch ein großes w_N hingegen wird zwar ebenfalls die Tragkraft größer, aber auch der relative Verlust. Außerdem wächst auch die H e r t z'sche Tragkraft linear mit ϱ_N.

Wir stellen also zwei Forderungen als Voraussetzung für einen
guten Schneckentrieb:

1. Möglichst senkrechte Anströmung der B-Linien

2. Möglichst gute Flankenschmiegung im Schmierspalt

Die Forderung nach senkrechter B-Linienanströmung läßt sich besonders bei Schnecken ohne oder mit geringer Steigung leicht
anhand des B-Linienbildes prüfen. Bei diesen Schnecken bildet
die Umfangsgeschwindigkeit der Schnecke in erster Linie den
Schmierdruck. Wir betrachten daher die B-Linien in ihrer Projektion auf die Stirnebene der Schnecke.

Schon der erste Blick auf die B-Linien der üblichen Schneckentriebe mit Geradlinienprofil, Bild 21, zeigt einen recht ungünstigen B-Linienverlauf. Alle B-Linien liegen mehr oder weniger in Umfangsrichtung der Schnecke. Es entsteht also nur ein
geringer Schmierdruck, dagegen eine starke verlustbringende Ölbewegung. So erklärt es sich, daß die üblichen Schneckentriebe
trotz ihrer hohen Umfangsgeschwindigkeit wenig zur Bildung eines tragfähigen Schmierfilmes neigen. Bei Schnecken mit balli-
gem M-Profil sind die Verhältnisse nicht besser, wie die Untersuchungen ergeben haben.

Einen wesentlich günstigeren B-Linienverlauf finden wir bei
den Schnecken mit Hohlkreisprofil nach G. N i e m a n n, siehe
Bild 22. Hier ist es gelungen, die B-Linien weitgehend radial
zur Schnecke auszurichten. Eine exakte vergleichende Untersuchung der Schmierverhältnisse ist daher von besonderem Interesse.

Wie kann man nun den Ersatzkrümmungshalbmesser ϱ_N, bzw. die
Flankenschmiegung aus dem B-Linienbild abschätzen? In Gl.(64)
ist ϱ_N ausgedrückt durch

$$\varrho_N = \frac{r_{o2}}{\sin \alpha \sqrt{1 - \sin^2 \tau \sin^2 \lambda}} \, n^2$$

und die Normalkomponente f_{1N} bzw. f_{2N} der Wälzgeschwindigkeit

- 94 -

f_1 bzw. f_2 durch

$$f_{1N} \approx f_{2N} = \omega_1 \, \frac{h}{2\,\pi} \, n$$

Hierin ist n die Zusammenfassung einer Anzahl von Größen in den
Integranden i_A und i_V und ist gegeben durch Gl.(66).

Wir finden also ϱ_N proportional n^2 und $f_{1(2)N}$ proportional n
als Zusammenhang zwischen Ersatzkrümmungshalbmesser ϱ_N und
Wälzgeschwindigkeit $f_{1(2)N}$ in der Ebene senkrecht zur B-Linie.
Zu einem großen ϱ_N gehören also auch große Wälzgeschwindigkeiten f_{1N} und f_{2N}. Dieser Zusammenhang ist auch anschaulich klar:
Dreht sich die Schnecke mit Steigung, so sind die B-Linien
nicht in Ruhe, sondern sie wandern. In einer Ebene senkrecht
zur B-Linie wandert der Punkt der B-Linie mit der Geschwindigkeit f_{1N} zur Schneckenfläche und mit der Geschwindigkeit f_{2N}
zur Radzahnfläche. Wandern des B-Punktes aber ist gleichwertig
mit Wälzen der einen Walze mit ϱ_{N1} um die andere Walze mit ϱ_{N2}
oder Wälzen der Ersatzwalze mit ϱ_N auf der Ebene. Ein Wälzen in
der Ebene senkrecht zur B-Linie mit <u>großem ϱ_N</u> bedeutet aber
ein schnelles Wandern des B-Punktes, also ein großes f_{1N} bzw.
f_{2N}. Die z.B. in Bild 22b eingetragenen B-Linien sind für
gleiche Intervalle der Stellungen des Getriebes eingetragen.
Die Abstände der B-Linien voneinander sind aber verschieden.
Bei gleicher Winkelgeschwindigkeit ω der Schnecke müssen also
in gleicher Zeit verschieden große Wege von den B-Linien zurück-
gelegt werden. In der Mitte des Zahnfeldes liegen die B-Linien
am weitesten voneinander, d.h. hier finden wir die größten von
den B-Punkten zurückzulegenden Wege. Demzufolge sind hier die
Wälzgeschwindigkeiten f_{1N} und f_{2N} am größten. Nach obiger Betrachtung finden wir hier auch die größten ϱ_N-Werte bzw. die
beste Flankenschmiegung. In der Stirnansicht der Zylinderschnecke ist also der Abstand der B-Linien voneinander ein
Kennzeichen für die Flankenschmiegung.

Außer der Profilform wird der Verlauf der B-Linien durch die
Steigung und die Wälzlinienlage beeinflußt. Wir betrachten zunächst den Einfluß der Steigung.

Bei der Schnecke ohne Steigung liegt das B-Linienbild symmetrisch zur x-Achse, Bild 21a und 22a. Infolge der Steigung geht diese Symmetrie verloren, denn die P-Profile links vom Mittelschnitt sind anders als die entsprechenden rechts vom Mittelschnitt. Demzufolge haben auch die beiden Schnittpunkte aller B-Linien auf der Wälzachse bei der Schnecke mit Steigung verschiedenen Abstand von der Mittellinie, siehe Bild 22a bis 22c.

Diejenigen Punkte der B-Linien, für die $w_N = 0$ ist, liegen bei der Schnecke ohne Steigung auf der x-Achse. Hier bewegt sich der Schneckengang zum Radzahn in Richtung der B-Linie, so daß keine Durchbildung im Ölfilm, sondern nur ein Leistungsverlust erfolgt. Bei der Schnecke mit Steigung aber ergibt sich die Anströmgeschwindigkeit aus der Umfangsgeschwindigkeit der Schnecke und den Wälzgeschwindigkeiten f_1 und f_2 von Schnecken- und Radprofil. Diese Geschwindigkeiten überlagern sich der Umfangsgeschwindigkeit der Schnecke. Hierdurch werden die Punkte der B-Linien, für die $w_N = 0$ ist, nach rechts verschoben. In den gezeigten B-Linien-Bildern ist die Linie $w_N = 0$ als strichpunktierte Linie eingezeichnet. Sie zieht sich etwas gekrümmt durch das Zahnfeld hindurch, Bild 22b; erst bei Schnecken mit starker Steigung beginnt sie aus dem Zahnfeld herauszufallen, was für die Schmierdruckbildung günstig ist.

Bei der Zylinderschnecke mit Hohlkreisprofil wird der Verlauf der B-Linien außerdem in starkem Maße durch die Lage der Wälzachse beeinflußt. Die beiden Schnittpunkte aller B-Linien auf der Wälzachse sind nach Abschnitt II B die Schnittpunkte der Linie tg $\alpha = 0$ mit der Wälzachse. In Bild 23 ist die Linie tg $\alpha = 0$ für eine Schneckenflanke eingezeichnet. Diese Linie tg $\alpha = 0$ ist unabhängig von der weiteren Wahl der Wälzachsenlage. Man erkennt, daß schon bei geringer Wälzachsenverlegung der Abstand der beiden Schnittpunkte voneinander sich stark ändert. Das bedeutet aber eine starke Beeinflussung des Verlaufes der B-Linien.

Um zu möglichst steilen, d.h. gut angeströmten B-Linien zu kommen, wie sie z.B. Bild 23 darstellt, müssen die Schnittpunkte

der B-Linien zusammenrücken; die Wälzachse ist also aus dem
Zahnfeld in Richtung auf das Rad zu verlegen. Dieser Verbes-
serungsmöglichkeit sind jedoch durch den Einfluß der endlichen
Zähnezahl Grenzen gesetzt. Wie Bild 23 für z_2 = 50 zeigt, wird
das Eingriffsfeld hier viel stärker begrenzt als bei dem
Schneckentrieb in Bild 22b, bei dem die Wälzachse durch den
Kopfkreis der Schnecke gelegt ist. Diese Wälzachse hat unge-
fähr die optimale Lage. Läge sie weiter im Zahnfeld, so würden
alle Schnittpunkte der B-Linien weit auseinanderrücken und die
B-Linien würden flacher verlaufen. Das ist aber nach unseren
Betrachtungen der ähnlich verlaufenden B-Linien des Geradlini-
enprofils ungünstig.

Untersuchen wir die Bildung des Schmierdruckes an verschiedenen
Stellen des Eingriffsfeldes oder des Zahnfeldes, so kommen wir
zu einer Einteilung in vier Gebiete. Jedes dieser Gebiete ist
charakterisiert durch besondere Verhältnisse des Schmierspaltes (ϱ_N) oder der Anströmgeschwindigkeit (w_N). Wir betrachten
hierzu das Zahnfeld einer Schnecke mit Hohlprofil bei einer
mittleren Steigung, Bild 24. Hier sind die Verhältnisse am
klarsten, obwohl unsere Betrachtung auch auf das B-Linienbild
einer jeden Zylinderschnecke angewandt werden könnte. Anhand
von Bild 24 unterscheiden wir folgende Gebiete:

Gebiet 1: Anströmung durch Umfangsgeschwindigkeit der Schnek-
ke ist gut, aber n ist klein (n < 1), was zu kleinen Wälzgeschwindigkeiten ($f_{1(2)N}$ proportional n) und sehr kleinen
Krümmungshalbmessern ϱ_N führt (ϱ_N proportional n^2). Hier
besteht also eine sehr schlechte Flankenschmiegung. Es re-
sultieren Tragkraftwerte, die sich nach links stark ver-
schlechtern, so daß sie praktisch kaum noch zu berücksichtigen sind. Die relative Verlustleistung wird groß, da $\frac{L_V}{P}$ proportional $\frac{1}{\sqrt{\varrho_N}}$ ist und die Geschwindigkeit w_{1N} groß ist.

Beurteilung: Für Tragkraft und besonders relativen Verlust
nach links sehr ungünstig werdendes Gebiet.

Gebiet 2: Gebiet mit großem Ersatzkrümmungshalbmesser ϱ_N.
Es ist ϱ_N proportional n^2 und n $\gg$ 1. Dazu sehr schnelles Wäl-

zen senkrecht zur B-Linie (großes f_{1N} proportional n). Also erhält man gute Flankenschmiegung und große Geschwindigkeiten. Es ergeben sich sehr hohe Tragkraftwerte. Die relative Verlustleistung wird klein.

Beurteilung: Sehr günstiges Gebiet, das jedoch wegen des schnellen Durchwälzens nur wenig B-Linien enthält. Sie stehen in einem ungünstigen Verhältnis zur Teilung. Dieses Gebiet führt zu einer hohen Spitze im h_A-Diagramm, Bild 15. Der Einfluß auf die kleinste Tragkraft $J_{A\ min}$ bzw. $J_{H\ min}$ ist nur gering. Günstig ist der Einfluß dieses Gebietes auf den relativen Verlust J_{RV}.

Gebiet 3: Die resultierende Anströmgeschwindigkeit liegt mehr oder weniger in Richtung der B-Linien. Es ist $w_N \approx 0$, d.h. es erfolgt keine Schmierfilmbildung längs der Linie $w_N = 0$. Tragkraft $\cong 0$. Der relative Verlust wird also sehr groß.

Beurteilung: Äußerst ungünstiges, aber im allgemeinen unvermeidbares Gebiet. Eine Verringerung des unteren Teiles dieses Gebietes wird erreicht durch Verlegen der Wälzachse nach außen. Dieses bringt aber den oben besprochenen ungünstigen Einfluß der Verkleinerung des Eingriffsfeldes bei endlicher Zähnezahl mit sich. Lediglich bei sehr steilgängigen Schnekken ($\gamma \approx 40^o$) kann man die Linie $w_N = 0$, die dieses Gebiet bestimmt, aus dem Zahnfeld herausfallen lassen. Bei der steilgängigen Schnecke in Bild 22c ist das um die Linie $w_N = 0$ liegende Gebiet 3 bereits zum großen Teil aus dem Zahnfeld herausgefallen.

Gebiet 4: Umfangsgeschwindigkeit u_1 und Wälzgeschwindigkeiten f_1 und f_2 beeinflussen sich gegenseitig ungünstig. Die gute Anströmung durch u_1 wird beeinträchtigt durch f_1 und f_2. Die Flankenschmiegung dieses Gebietes ist ziemlich gut. Es entstehen mäßig gute Tragkraftwerte. Der relative Verlust bessert sich in Richtung nach rechts unten.

Beurteilung: Ein Gebiet von qualitativ mäßigem Wert, dessen

quantitative Beiträge zur Erlangung günstiger Gesamtresultate jedoch von Belang sind.

C. Ergebnisse der systematischen Untersuchung

a) Einfluß der Profilform

Wie schon aus der Betrachtung der B-Linien hervorgeht, hat die Profilform bei der Zylinderschnecke einen wesentlichen Einfluß auf die Kennzahlen. So bringt der Übergang zum Hohlkreisprofil einen stark veränderten Verlauf der B-Linien. Hieraus erhält man erheblich bessere Ergebnisse. In diesem Abschnitt wird der Einfluß der Profilform auf die Ergebnisse für die Schnecke mit Geradlinienprofil und für die Schnecke mit Hohlkreisprofil untersucht. Der Vergleich beider Profilformen erfolgt erst am Ende dieses Teiles.

Bei der Schnecke mit Geradlinienprofil ist die Profilform nur durch den Neigungswinkel α_M des Mittelschnittes bestimmt. Zu seiner Beurteilung sind Schnecken ohne Steigung mit zwei verschiedenen Neigungswinkeln α_M untersucht. Die hydrodynamische Tragkraft und Verlustleistung sind für die Winkel $\alpha_M = 20^O$ und $\alpha_M = 30,6^O$, die H e r t z'sche Tragkraft für die Winkel $\alpha_M = 20^O$ und $\alpha_M = 25^O$ ermittelt. Die Untersuchung ist für verschiedene Wälzachsenlagen durchgeführt.

Die Werte $J_{A\,mittel}$, die sich beim Geradlinienprofil nur unwesentlich von $J_{A\,min}$ unterscheiden, ändern sich so geringfügig mit α_M, daß eine graphische Darstellung sich erübrigt. Hingegen ist der relative Verlust beim Profilwinkel $\alpha_M = 30,6^O$ um etwa 10 bis 15 % geringer als bei $\alpha_M = 20^O$, Bild 25. Es ist also günstiger, Profile mit größerem α_M zu wählen, wenn nicht andere Gründe dagegen sprechen.

Die Berechnung der H e r t z'schen Tragkraft für die Neigungswinkel $\alpha_M = 20^O$ und $\alpha_M = 25^O$ zeigt eine weitgehende Übereinstimmung der Ergebnisse für beide Profilwinkel. Die bei der Berechnung der Vergleichswerte J_H aufzunehmenden Kurven h_H über

$d \dfrac{\cos \alpha_M \sin \alpha_M}{r_{o1} \cos^2 \alpha_M}$ unterscheiden sich kaum voneinander. Dement-
sprechend sind die Vergleichswerte $J_{H\,mittel}$ auch für beide
Neigungswinkel gleich groß, Bild 26. Hier zeigte sich jedoch
eine Sonderheit:

Die Vergleichswerte $J_{H\,min}$, die der <u>größten</u> H e r t z'schen
Pressung entsprechen und daher für die Zerstörung des Werk-
stoffes maßgebend sind, weichen in verschiedenem Maße von
$J_{H\,mittel}$ ab. So finden wir bei $\alpha_M = 20^o$ $J_{H\,min}$ ca. 15 % höher
als bei $\alpha_M = 25^o$ (vergleiche Bild 26). Hieraus darf nicht ge-
schlossen werden, daß der Neigungswinkel $\alpha_M = 25^o$, weil er
größere H e r t z'sche Druckspitzen ergibt, unbedingt ungün-
stiger ist als $\alpha_M = 20^o$. Der Grund liegt vielmehr in der bei
unserer Untersuchung gewählten Teilung und Zahnfeldhöhe, die
bei $\alpha_M = 25^o$ zufällig zu ungünstigen Werten $J_{A\,min}$ führten.
Durch Änderung der Teilung lassen sich also bessere Resultate
$J_{H\,min}$ erreichen. So erhalten wir die geringste Abweichung des
Wertes $J_{H\,min}$ vom Mittelwert $J_{H\,mittel}$, wenn die Teilung gerade so gewählt wird, daß im h_H-Diagramm die Breite des linken
Abfalles vom Maximum ein <u>ganzes</u> Vielfaches der Teilung ist,
siehe Bild 27.

Wählt man diese optimale Teilung, so erhält man auch bei Untersuchung der hydrodynamischen Tragkraft optimale $J_{A\,min}$-Werte.
Bei der Untersuchung mit $\alpha_M = 20^o$ und $\alpha_M = 30,6^o$ traf dieses
praktisch zu.

Beim <u>Hohlkreisprofil</u> ist die Profilform durch den mittleren
Flankenwinkel $\overline{\alpha_M}$ und die Krümmung $\dfrac{\varrho_M}{k}$ des Mittelschnittes be-
stimmt. Wir finden den mittleren Flankenwinkel des Schnecken-
profiles, indem wir die Endpunkte des M-Profiles verbinden,
Bild 28. Weiter bezeichnen wir die Lage der Wälzgeraden zum
Krümmungsmittelpunkt des M-Profiles durch $\dfrac{r_{o1}}{k}$ und die Lage des
Zahnfeldes mit seinem mittleren Halbmesser r_m zur Wälzachse
durch $\dfrac{r_m}{r_{o1}}$. Die radiale Breite des Zahnfeldes ist $r_a - r_i = 2\,m$.
Die relative Zahngröße kennzeichnen wir durch $\dfrac{m}{r_m}$.

Eine umfassende Untersuchung des Einflusses von $\overline{\alpha_M}$ und $\dfrac{\varrho_M}{k}$ ist für die Schnecke ohne Steigung durchgeführt.

Den Einfluß von $\overline{\alpha_M}$ zeigen Bild 29 und 30 für die hydrodynamische Tragkraft und für den relativen Verlust. Hier sind für eine Profilkrümmung $\frac{\varrho_M}{k} = \frac{1}{1,6}$ die Vergleichswerte $J_{A\,min}$ und J_{RV} über $\overline{\alpha_M}$ aufgetragen. Die Untersuchung ist für verschiedene Wälzlinienlagen $\frac{r_{o1}}{k}$ durchgeführt. Der Verlauf einer dieser Kurven zeigt, daß für kleine Winkel $\overline{\alpha_M}$ die Vergleichswerte ungünstig sind, daß für wachsende Winkel $\overline{\alpha_M}$ eine Verbesserung eintritt und daß nach Erreichen des besten Wertes mit weiter steigendem $\overline{\alpha_M}$ wiederum eine Verschlechterung einsetzt. Vergleichen wir die Kurven für verschiedene Wälzlinienlagen $\frac{r_{o1}}{k}$, so zeigen sich bei $\frac{r_{o1}}{k} = 0,92$ bis $0,84$ die günstigsten Verhältnisse. Die Aussagen gelten auch für andere Profilkrümmungen als $\frac{\varrho_M}{K} = \frac{1}{1,6}$.

Den Einfluß der Profilkrümmung stellen wir als Höhenlinienbilder dar, Bild 31 bis 34. Die Abszisse ist die reziproke Krümmung $\frac{K}{\varrho_M}$ des M-Profiles, die Ordinate ist $\frac{r_m}{r_{o1}}$. Als Höhe über der Ebene zwischen $\frac{K}{\varrho_M}$ - und $\frac{r_m}{r_{o1}}$ -Achse ist $J_{A\,min}$ und J_{RV} aufgetragen. Diese Vergleichswerte sind für die Zahngröße $\frac{m}{r_m} = 0,2$ und $\frac{m}{r_m} = 0,1$ berechnet. Um die Höhen $J_{A\,min}$ und J_{RV} in der Bildebene darzustellen, sind die Höhenlinien $J_{A\,min} = $ konst (gestrichelt) und J_{RV} (ausgezogen) gezeichnet. Wir nennen eine solche Darstellung Gütediagramm. Es ist aufgestellt für die Zahngröße $\frac{m}{r_m} = 0,2$ mit $\overline{\alpha_M} = 20^o$, Bild 31, und $\overline{\alpha_M} = 25^o$, Bild 32; ferner für die Zahngröße $\frac{m}{r_m} = 0,1$ mit $\overline{\alpha_M} = 20^o$, Bild 33, und $\overline{\alpha_M} = 25^o$, Bild 34. Die punktierten Linien sind Linien $\frac{r_{o1}}{k} = $ konst, sie kennzeichnen die Lage der Wälzachse. Zwischen $\frac{r_{o1}}{k}$, $\frac{r_m}{r_{o1}}$, $\frac{\varrho_M}{k}$ und $\overline{\alpha_M}$ besteht eine Beziehung. Nach Bild 3b ist

$$\varrho_M \sin \overline{\alpha_M} = k - r$$

oder nach Bild 28

$$\varrho_M \sin \overline{\alpha_M} \approx k - r_m$$

Durch Erweiterung mit r_{o1} wird hieraus

$$\frac{r_m}{r_{o1}} \approx \frac{k}{r_{o1}} \left(1 - \frac{\varrho_M}{K} \sin \overline{\alpha_M}\right)$$

Nach dieser Beziehung sind die Linien $\frac{r_{o1}}{k} = $ konst berechnet und in die Gütediagramme eingetragen.

Die Werte $\frac{r_m}{r_{o1}} = 1$ sind durch eine waagrechte Strichpunktlinie gekennzeichnet. Hier liegt das Zahnfeld so, daß die Wälzachse durch seine Mitte geht. Bei den großen Zähnen mit $\frac{m}{r_m} = 0,2$, Bild 31 und 32, ist dazu die Linie $\frac{r_m}{r_{o1}} = \frac{5}{6} = 0,833$ ebenso gekennzeichnet; hier liegt das Zahnfeld so, daß die Wälzachse durch seinen äußersten Punkt geht. Bei den kleinen Zähnen mit $\frac{m}{r_m} = 0,1$ entspricht dem die Linie $\frac{r_m}{r_{o1}} = \frac{10}{11} = 0,909$, Bild 33 und 34.

Bei den großen Zähnen mit $\frac{m}{r_m} = 0,2$ beträgt bei $\alpha_M = 25^o$, Bild 32, das Minimum des relativen Verlustes etwa 1,8. Es liegt bei $\frac{\varrho_M}{K} = \frac{1}{1,2}$ und $\frac{r_m}{r_{o1}} = 0,75$. Das Maximum von $J_{A\,min}$ beträgt 0,60 und liegt bei $\frac{\varrho_M}{k} = \frac{1}{1,0}$ und $\frac{r_m}{r_{o1}} = 0,75$. Die beiden Optimalwerte liegen nicht weit voneinander entfernt. Die Wälzachse liegt jedoch mit $\frac{r_m}{r_{o1}} = 0,75$ in beiden Fällen außerhalb des Zahnfeldes, dà $\frac{r_m}{r_{o1}} = 0,75 < 0,833$. Will man als Grenze höchstens zulassen, daß die Wälzlinie durch den äußersten Punkt des Zahnprofiles geht, so findet man bei $\frac{r_m}{r_{o1}} = \frac{5}{6} = 0,833$ das Optimum bei $\frac{\varrho_M}{K} = \frac{1}{1,4}$ mit $J_{A\,min} = 0,55$ und $J_{RV} = 1,9$.

Im Gütediagramm für $\overline{\alpha_M} = 20^o$, Bild 31, finden wir für $\frac{r_m}{r_{o1}} = \frac{5}{6} = 0,833$, also mit durch den äußersten Punkt des Zahnfeldes liegender Wälzachse, das Optimum bei $\frac{\varrho_M}{K} = \frac{1}{1,2}$. Hier ist $J_{A\,min} = 0,59$ und $J_{RV} = 2,0$.

Eine geringe Abweichung von den angegebenen Optimalpunkten ist von geringem Einfluß auf die Vergleichswerte, da wir uns in der Nähe der Extremalpunkte der Vergleichswerte befinden.

Aus Bild 33 und 34 gehen die Optimalpunkte für die Zahngröße $\frac{m}{r_m} = 0,1$ für die Neigungen $\overline{\alpha_M} = 20^o$ und 25° hervor. Der Bestwert von $J_{A\,min}$ ist für $\overline{\alpha_M} = 20^o$ etwa 0,95 und liegt bei $\frac{\varrho_M}{K} = \frac{1}{1,6}$ und $\frac{r_m}{r_{o1}} = 0,86$. Der Optimalwert von J_{RV} liegt dicht daneben. Wir können damit für $\overline{\alpha_M} = 20^o$ in Bild 33 folgende Daten für optimale Hohlkreisprofile mit kleinen Zähnen $\frac{m}{r_m} = 0,1$ angeben: $\frac{\varrho_M}{K} = \frac{1}{1,6}$ und $\frac{r_m}{r_{o1}} = 0,85$. Hierfür ist $J_{A\,min} = 0,95$ und $J_{RV} = 1,3$. Die Wälzachse liegt dann außerhalb des Kopfkreises der Schnecke.

Will man wieder als äußerste Grenze zulassen, daß die Wälzachse durch den Kopfkreis geht, dann muß man im Gütediagramm auf der Waagrechten $\frac{r_m}{r_{o1}}$ die günstigsten Verhältnisse wählen. Wir finden sie etwa bei $\frac{\varrho_M}{K} = \frac{1}{1,8}$ mit $J_{A\ min} = 0,78$ und $J_{RV} = 1,56$.

Bei $\overline{\alpha_M} = 25^o$, Bild 34, finden wir die günstigsten Verhältnisse bei $\frac{\varrho_M}{K} = \frac{1}{1,6}$ und $\frac{r_m}{r_{o1}} = 0,805$ mit $J_{A\ min} = 0,93$ und $J_{RV} = 1,3$. Hierbei liegt die Wälzachse noch weiter außerhalb des Zahnfeldes. Soll sie jedoch ebenfalls wieder durch den äußersten Punkt des Zahnfeldes gehen, so ist $\frac{r_m}{r_{o1}} = 0,909$ zu wählen; hierfür erhalten wir bei $\frac{\varrho_M}{K} = \frac{1}{1,75}$ die optimalen Werte $J_{A\ min} = 0,62$ und $J_{RV} = 1,83$.

Vergleicht man die Bestwerte $\overline{\alpha_M} = 20^o$ und 25° für die Zahngröße $\frac{m}{r_m} = 0,1$, Bild 33 und 34, so sieht man, daß J_{RV} und $J_{A\ min}$ in beiden Fällen fast gleich sind. Da aber für $\overline{\alpha_M} = 20^o$ das Optimum bei einem wesentlich größeren Wert $\frac{r_m}{r_{o1}}$ auftritt, d.h. daß das optimale Profil $\overline{\alpha_M} = 20^o$ eine nicht so weit außerhalb des Zahnfeldes liegende Wälzachse hat, so ist $\overline{\alpha_M} = 20^o$ unbedingt vorzuziehen.

Den Einfluß des mittleren Neigungswinkels des hohlkreisförmigen M-Profiles auf die H e r t z'sche Pressung zeigt das Gütediagramm Bild 35. Hier sind die Ergebnisse einer Schnecke mit der Profilkrümmung $\frac{\varrho_M}{K} = \frac{1}{1,4}$ und der Zahngröße $\frac{m}{r_m} = 0,1$ dargestellt. Die Abszisse ist $\overline{\alpha_M}$ und die Ordinate $\frac{r_m}{r_{o1}}$.

Es zeigt sich, daß der Einfluß von $\overline{\alpha_M}$ nicht groß ist und das ziemlich flache Optimum im Bereich der üblichen Neigungswinkel $\overline{\alpha_M} = 15^o$ bis 25° liegt. Der Einfluß von $\frac{r_m}{r_{o1}}$ hingegen ist stärker. Optimal ist $\frac{r_m}{r_{o1}} = 0,9$; also ein Zahnfeld mit einer Zahngröße $\frac{m}{r_m} = 0,1$, dessen Wälzachse etwas außerhalb des Zahnfeldes liegt.

Zum Einfluß der Profilkrümmung $\frac{\varrho_M}{K}$ auf die H e r t z'sche Pressung genügt folgende Aussage: Die optimalen $J_{H\ min}$-Werte finden wir bei den gleichen Profilkrümmungen $\frac{\varrho_M}{K}$, bei denen wir die optimalen $J_{A\ min}$-Werte fanden. Der Grund hierfür ist die starke Ähnlichkeit der Integranden i_A und i_H. So können wir auch hier die Krümmungen $\frac{\varrho_M}{K} = \frac{1}{1,2}$ bis $\frac{1}{1,4}$ bei großen Zähnen $\frac{m}{r_m} = 0,2$ und die Krümmungen $\frac{\varrho_M}{K} = \frac{1}{1,4}$ bis $\frac{1}{1,6}$ bei kleinen Zähnen $\frac{m}{r_m} = 0,1$ als günstig bezeichnen. Die günstigste Wälzlinienlage ist $\frac{r_{o1}}{k} = 0,84$ bis $0,90$. Die günstigste Zahnfeldlage ist $\frac{r_m}{r_{o1}} = 0,80$ bis $0,95$. Die Darstellung einiger über $\frac{r_m}{r_{o1}}$ aufgetragener $J_{H\,min}$-Werte für ein Hohlkreisprofil mit $\frac{\varrho_M}{K} = \frac{1}{1,4}$ zeigt Bild 36.

b) Einfluß der Wälzachsenlage

Der Einfluß der Wälzachse ist beim <u>Geradlinienprofil</u> sowohl bei $J_{A\,min}$ und J_{RV} als auch bei $J_{H\,min}$ sehr gering, Bild 25 und 26. Aus Bild 25 ergibt sich für J_{RV} ein flaches Optimum, wenn der mittlere Schneckenhalbmesser r_m etwa $0,6$ des Abstandes r_{o1} der Wälzachse von der Schneckenachse ist. Hier ist J_{RV} um etwa 5 % kleiner als bei $r_m = r_{o1}$. Der Einfluß der Wälzachse ist also beim Geradlinienprofil praktisch bedeutungslos.

Der Einfluß der Wälzachse ist beim <u>Hohlkreisprofil</u> wesentlich stärker als beim Geradlinienprofil. Schon im Abschnitt VI B ist ihre Wirkung auf den Verlauf der B-Linien und auf die Größe des Eingriffsfeldes anhand der B-Linienbilder besprochen. Wesentlich war folgende Erkenntnis: Die außerhalb des Zahnfeldes liegende Wälzachse bringt günstige steile B-Linien, aber eine starke Verkleinerung des Eingriffsfeldes infolge der endlichen Zähnezahl. Die innerhalb des Zahnfeldes liegende Wälzachse hingegen führt zu flachem, ungünstigem B-Linienverlauf.

Alle Berechnungen bestätigen dieses und liefern als besten Kompromiß eine Wälzachse, die durch den äußersten Punkt des Zahnfeldes gelegt ist. So ist bei großen Zähnen $\frac{m}{r_m} = 0,2^o$ die Wälzlinienlage $\frac{r_{o1}}{r_m} = \frac{5}{6} = 0,833$ und bei kleinen Zähnen $\frac{m}{r_m} = 0,1$ entsprechend $\frac{r_m}{r_{o1}} = \frac{10}{11} = 0,909$ am günstigsten.

Die Verringerung des Eingriffsfeldes infolge der endlichen Radzähnezahl, die durch eine weiter außerhalb des Zahnfeldes liegende Wälzachse verstärkt wird, würde sich bei den kleinen Zähnen mit $\frac{m}{r_m}$ besonders ungünstig auswirken, da der Verlust an Ein-

griffsfläche im Vergleich zu der relativ geringen radialen Breite des Zahnfeldes prozentual sehr groß wird. Es ist besonders
bei geringeren Radzähnezahlen z_2 unbedingt auf die den Optimal-
werten von $J_{A\ min}$ und J_{RV} entsprechenden Wälzlinienlagen, Bild
33 und 34, zu verzichten. Diese Optima würden nur bei $z_2\ \infty$
erreicht werden. So läßt sich bei allen Hohlkreisprofilen die
Wälzachsenlage $r_{o1} \approx r_a$ als optimal annehmen.

c) Einfluß des Zahnfeldwinkels δ

Der Zahnfeldwinkel δ ist der halbe Zentriwinkel des gesamten
Zahnfeldes. Hierbei ist angenommen, daß die Seitenbegrenzung
des Zahnfeldes, die durch die Form des Radkranzes gegeben ist,
eine Radiale zur Schnecke ist. Im Falle unserer Zahnfelder nach
Bild 21 und 22 ist δ diejenige Radiale, die die Größe des Zahnfeldes unverändert läßt.

Beim <u>Geradlinienprofil</u> ist dieser Einfluß insbesondere bei
Schnecken mit geringer Steigung erheblich.

Um den Einfluß von δ auf die hydrodynamische Tragkraft zu zeigen, sind für Schnecken ohne Steigung mit $\alpha_M = 20^o$ und sehr
kleinen Zähnen die Vergleichswerte $J_{A\ mittel} \approx J_{A\ min}$ berechnet.
Die Ergebnisse sind als Linien $J_{A\ mittel} =$ konst über einer Ebe-
ne im Diagramm δ , $\dfrac{r_m}{r_{o1}\ \cos^2\alpha_M}$ dargestellt (Bild 37). Man sieht,
daß die Mitte des Schneckenprofiles (δ klein) nur wenig an der
Schmierdruckbildung beteiligt ist, da die $J_{A\ mittel}$-Werte in
Richtung größerer Werte δ hier nur wenig ausmachen. Für große
Winkel δ nimmt dagegen $J_{A\ mittel}$ in Richtung weiter steigender δ
stärker zu. Die Randzonen sind beim Geradlinienprofil ohne Stei-
gung also wesentlich stärker an der Schmierdruckbildung beteiligt als die Zahnfeldmitte.

Für die H e r t z'sche Pressung ist dieser wertmäßige Unter-
schied zwischen Randzone und Zahnfeldmitte nicht vorhanden. Ein
größeres δ bringt hier nur einen quantitativen Zuwachs an Tragkraft.

Beim <u>Hohlkreisprofil</u> ist selbst bei Schnecken mit geringer Steigung bzw. ohne Steigung die Bedeutung der Randzonen für die hydrodynamische Tragkraft geringer. Wie Bild 22a zeigt, liegen in
den Randzonen die B-Linien sehr nahe beieinander, was nach Abschnitt VI B sehr kleine ϱ_N-Werte bedeutet. Der Vorteil der guten Anströmung der B-Linien dieses Gebietes kann sich daher
nicht auswirken.

Jedoch bringt eine planvolle Festlegung von δ bei der Schnecke
mit Hohlkreisprofil Vorteile. Eine Untersuchung wurde am Beispiel einer 4-gängigen Schnecke durchgeführt. Den B-Linienverlauf dieser Schnecke zeigt Bild 22b. Für das hier dargestellte
Zahnfeld ($\delta \triangleq 47,5^{\circ}$) ist bei $z_2 = \infty$ $J_{A\ min} = 0,468$ und $J_{RV} =$
2,17. Wir wählen nun den Zahnfeldwinkel δ so klein, daß in der
ungünstigsten Stellung, für die ja $J_{A\ min}$ gilt, die Anzahl der
gleichzeitig im Eingriff befindlichen Zähne gerade noch unverändert ist. Dieser Zahnfeldwinkel ist etwa $\delta = 40^{\circ}$. Diese Begrenzung ist als punktierte Linie in Bild 22b eingezeichnet.
Hiermit ist $J_{A\ min} = 0,468$ und $J_{RV} = 2,00$. $J_{A\ min}$ bleibt also
unverändert und J_{RV} wird um 8,5 % geringer. Dabei bleibt der
Vergleichswert $J_{H\ min}$ im allgemeinen ebenfalls unverändert.

Eine systematische Festlegung des Zahnfeldwinkels ist bei
Schnecken mit Hohlkreisprofil wegen der stark radial zur
Schnecke verlaufenden B-Linien recht wirksam. Zu ihrer Durchführung ist das Diagramm h_A bzw. h_H über d (vergleiche Bild 15)
aufzuzeichnen und die ungünstigste Stellung zu ermitteln.

d) Einfluß der Zahngröße

Die Größe der Zähne bzw. die Höhe des Zahnfeldes wird durch den
Wert $\frac{m}{r_m}$ gekennzeichnet. Wir beziehen also die halbe Zahnhöhe
$\frac{r_a - r_i}{2} = m$ auf den mittleren Halbmesser r_m der Schnecke. Es
werden zwei Zahngrößen untersucht, nämlich $\frac{m}{r_m} = 0,2$ und $\frac{m}{r_m} = 0,1$.

Die Ermittlungen sind an jeweils günstigen Schnecken ohne Steigung mit Geradlinienprofil und Hohlkreisprofil durchgeführt.

Die wichtigsten Abmessungen dieser Schnecken sind in Bild 38
bis 41 dargestellt. Die Schnecken sind mit 1a, 1b, 2a und 2b
bezeichnet.

Bei Schnecken mit <u>Geradlinienprofil</u> ist, wie Bild 42 zeigt,
der Einfluß der Zahngröße auf die Vergleichswerte $J_{A\ min}$, J_{RV}
und $J_{H\ min}$ bei großer Radzähnezahl z_2 sehr gering, hingegen verringert sich bei kleineren Radzähnezahlen die Größe der Eingriffsfläche bei kleineren Zahngrößen mit $\frac{m}{r_m} = 0,1$ stärker. Die
Zahngröße $\frac{m}{r_m} = 0,2$ führt also beim Geradlinienprofil bei kleineren Zähnezahlen zu besseren Ergebnissen als die kleine Zahnhöhe $\frac{m}{r_m} = 0,1$.

Beim <u>Hohlkreisprofil</u> ist der Einfluß der Zahngröße bei großen
Zähnezahlen viel stärker. So ist der Bestwert des relativen
Verlustes für $\overline{\alpha_M} = 20^0$ für die großen Zähne $\frac{m}{r_m} = 0,2$ etwa 1,9;
für die kleinen Zähne $\frac{m}{r_m} = 0,1$ aber 1,3, siehe Bild 31 und 33.
Die hydrodynamische Tragkraft hat bei $\frac{m}{r_m} = 0,2$ als optimalen
Vergleichswert $J_{A\ min} = 0,60$ und bei $\frac{m}{r_m} = 0,1$ $J_{A\ min} = 0,95$.
Durch Verkleinerung der Zahngröße verbessert sich also der re-
lative hydrodynamische Verlust und die Tragkraft erheblich. Das
gleiche gilt für die H e r t z'sche Tragkraft. Einschränkend
wirkt jedoch auch hier wieder die starke Verringerung der Eingriffsfläche bei kleinen Radzähnezahlen z_2 für die kleine Zahngröße. Die Ergebnisse der Untersuchung der in den Bildern 40
und 41 dargestellten Schnecken mit Hohlkreisprofil zeigt Bild
43. Wir sehen, daß insbesondere bei $J_{A\ min}$ und $J_{H\ min}$ mit kleinerer Radzähnezahl z_2 die festgestellte Überlegenheit der kleinen Zähne $\frac{m}{r_m} = 0,1$ mehr und mehr verloren geht und bei einer
bestimmten Zähnezahl z_2 sich in eine Unterlegenheit gegenüber
den großen Zähnen mit $\frac{m}{r_m} = 0,2$ wandelt. Wir wählen also für
sehr große Radzähnezahlen z_2 zweckmäßig eine möglichst kleine
Zahngröße. Anstelle einer z.B. 4-gängigen Schnecke mit $\frac{m}{r_m} = 0,2$
wählen wir also besser eine 8-gängige Schnecke mit $\frac{m}{r_m} = 0,1$.
Die Steigung der Schnecke bleibt dabei unverändert, denn nach
Gl.(19) ist

$$\operatorname{tg} \gamma = \frac{h}{2\,\pi\,r} = \frac{z_1\,m\,\pi}{2\,\pi\,r_m} = \frac{z_1}{2}\,\frac{m}{r_m}$$

Im Falle kleinerer Radzähnezahlen z_2 wird die Zahngröße im allgemeinen ohne besondere Bedeutung sein; bei ausgesprochen kleinen Radzähnezahlen hingegen dürfte größeren Zähnen der Vorzug
zu geben sein.

Zur Beurteilung zu gestaltender Getriebe hinsichtlich der Zahngröße eignet sich Bild 42 und 43. In ähnlichen Fällen führt In-
tra- oder Extrapolation zum Ziele. In besonderen Fällen ist jedoch der Sicherheit wegen der B-Linienverlauf aufzuzeichnen und
die Grenze des Eingriffsfeldes infolge der endlichen Zähnezahl
zu ermitteln. Das ist im Abschnitt II erklärt und anhand eines
Beispieles gezeigt.

Zum Wesen des Einflusses der Zahngröße bei Schneckentrieben mit
unendlicher oder sehr großer Radzähnezahl wird eine kurze grund-
sätzliche Erklärung gegeben:

Eine kleinere Zahngröße $\frac{m}{r_m}$ verringert die radiale Breite des
Zahnfeldes und vergrößert in gleichem Maße die Zahl der im Zahnfeld befindlichen Zähne. Jede B-Linie gibt einen Beitrag zur
hydrodynamischen bzw. H e r t z'schen Tragkraft. Beim Zylinderschneckentrieb mit Hohlkreisprofil geben bestimmte B-Linien
außerordentlich starke Beiträge. Trägt man diese Beiträge über
einer jeden Schneckenstellung auf, so führt das zu einer relativ
hohen Spitze in gewissen Stellungen (vergleiche Bild 15 B-Linie
d = - 3).

Für die Vergleichswerte $J_{A\ min}$ (bzw. $V_{M_{Rad}}$) und $J_{H\ min}$ (bzw.
$V_{M_{Rad}}$, Hertz) ist nunmehr diejenige Getriebestellung von Belang,
die den <u>geringsten</u> Beitrag zur Tragkraftbildung liefert. Das
Intervall von einem Zahn zum nächsten gleichzeitig im Eingriff
befindlichen Zahn ist die Teilung $t = m\pi$. Ändert man die Zahnhöhe $\frac{m}{r_m}$, so ändert man damit die Teilung t. Bei einer großen
Teilung t wird die hohe Spitze für die entscheidende ungünstigste Stellung völlig bedeutungslos. Verkleinert man die Zahngröße bzw. die Teilung mehr und mehr, so wird man auch in der ungünstigsten Stellung zunehmend Beiträge dieses Spitzengebietes
erhalten.

Es zeigt sich, daß ein Übergang zu kleineren Zahngrößen nur beim Auftreten örtlicher Spitzen der Beiträge der Tragkraft von Vorteil ist. Diese Spitzen sind beim Schneckentrieb mit Geradlinienprofil viel weniger ausgeprägt als beim Hohlkreisprofil, siehe Bild 15 und 19. So erklärt es sich, daß der Einfluß der Zahngröße beim Geradlinienprofil wesentlich geringer ist als beim Hohlkreisprofil.

e) Einfluß der Schneckendicke

Die Untersuchung des Einflusses der Profilform, der Wälzachsenlage, des Zahnfeldwinkels und der Zahngröße konnten wir durchführen, ohne die Gesamtabmessungen des Getriebes zu berücksichtigen; bei Änderung der untersuchten Größen blieb die Abmessung des Getriebes unverändert; selbst bei Änderung der Zahngröße, da wir für die halbhohen Zähne mit $\frac{m}{r_m} = 0,1$ doppelt soviel Zähne nahmen, als für die großen Zähne mit $\frac{m}{r_m} = 0,2$.

Bei der Untersuchung der Schneckendicke liegen die Verhältnisse anders. Als Maß für die Schneckendicke nehmen wir den Innenhalbmesser r_i der Schnecke, da durch diesen die Festigkeit der Schnecke bestimmt ist. Diesen Halbmesser setzen wir ins Verhältnis zum Achsabstand a von Schnecke und Schneckenrad. Das Verhältnis $\frac{r_i}{a}$ kennzeichnet die Schneckendicke.

Wir vergleichen also weiter Schneckentriebe mit gleichem Achsabstand a. Weiter halten wir konstant die Übersetzung i und die Winkelgeschwindigkeit ω der Schnecke.

Sind diese Größen gegeben, so können wir das Getriebe noch durch Wahl verschiedener Zahnformen und verschiedener Wälzachsenlagen verschieden ausbilden. Zum Vergleich dienen dann nicht die bisher gewählten Kenngrößen J_A, J_{RV} und J_H, sondern folgende neue Vergleichsgrößen:

1. Der Vergleichswert $V_{M_{Rad}}$. Dieser bestimmt das hydrodynamisch am Rade übertragbare Moment M_{Rad}

$$M_{Rad} = \frac{5 \; \omega \; a^4}{\min \; s_{\min}} \cdot V_{M_{Rad}}$$

2. Der Vergleichswert V_{RV}. Dieser bestimmt den relativen hydrodynamischen Verlust $\frac{L_V}{L_A}$. Wir berechnen jedoch nicht $\frac{L_V}{L_A}$, sondern $\frac{1}{i}\frac{L_V}{L_A}$, um den Wert auch für die Schnecke ohne Steigung berechnen zu können. Die Bestimmungsgleichung lautet

$$\frac{1}{i}\frac{L_V}{L_A} = \sqrt{\frac{\min\, s_{\min}}{a}} \cdot \frac{1}{i}\, V_{RV}$$

3. Der Vergleichswert $V_{M_{Rad},Hertz}$. Dieser bestimmt das am **Rade** übertragbare Moment $M_{Rad,Hertz}$ bei gegebener maximaler Flächenpressung

$$p_H = \sqrt{K_H\,\frac{E}{2,86}}. \text{ Die Bestimmungsgleichung ist}$$

$$M_{Rad,Hertz} = K_H\, a^3 \cdot V_{M_{Rad},Hertz}$$

Der Zusammenhang zwischen den Werten J und den zugehörigen Werten V ist in Abschnitt IV B angegeben.

Die Vergleichswerte V dienen zur weiteren Untersuchung des Einflusses der Schneckendicke und auch der Schneckensteigung. Hierbei untersuchen wir die optimalen Geradlinienprofile nach Bild 38 und 39 mit $\alpha_M = 20^o$; die Wälzachse ist durch den Kopfkreis der Schnecke gelegt.

Weiter untersuchen wir Hohlkreisprofile nach Bild 40 und 41. Für $\frac{m}{r_m} = 0,2$ wählen wir $\frac{\varrho_M}{K} = \frac{1}{1,4}$ und eine durch den Kopfkreis der Schnecke gelegte Wälzachse. Für $\frac{m}{r_m} = 0,1$ wählen wir $\frac{\varrho_M}{K} = \frac{1}{1,6}$ und eine etwas außerhalb des Kopfkreises der Schnecke liegende Wälzlinie. Diese Hohlkreisprofile sind nach den Berechnungen von Schnecken ohne Steigung und mit mäßiger Steigung optimal. Bei Schnecken mit starker Steigung führen die gleichen Profilformen des axialen Mittelschnittes der Schnecke zu einem B-Linienverlauf, der ebenfalls als günstig bezeichnet werden kann, Bild 22c. Somit ist auch die untersuchte Schnecke mit starker Steigung und Hohlkreisprofil $\frac{\varrho_M}{K} = \frac{1}{1,4}$, siehe Bild 40, hinsichtlich ihrer Profilform als nahezu optimal zu bezeichnen.

Die Ergebnisse der Untersuchung des Einflusses der Schneckendicke sind in den Bildern 44 bis 46 dargestellt. Als Abszisse ist jeweils $\frac{r_i}{a}$ gewählt. Hierüber sind für vier verschiedene Profile und Zahngrößen die Vergleichswerte aufgetragen. Die Berechnung ist für Schnecken ohne Steigung durchgeführt. Es zeigt sich folgende Abhängigkeit von $\frac{r_i}{a}$:

Die Vergleichswerte wachsen etwa proportional mit $\frac{r_i}{a}$. Das bedeutet für die Tragkraft VM_{Rad} und $VM_{Rad,Hertz}$ eine Verbesserung und für den relativen hydrodynamischen Verlust eine Verschlechterung. Lediglich die Vergleichswerte für Schneckentriebe mit kleinen Zähnen $\frac{m}{r_m} = 0,1$ zeigen für die Vergleichswerte VM_{Rad} und $VM_{Rad,Hertz}$ ein Maximum im Bereich gebräuchlicher Schneckendikken. Dieses Maximum entsteht durch den Einfluß der mit wachsendem $\frac{r_i}{a}$ bei gleicher Zahngröße $\frac{m}{r_m}$ abnehmender Radzähnezahl z_2. Der Einfluß der endlichen Zähnezahl ist aber bei kleinen Zähnen besonders stark.

Die Grundtendenz des Ansteigens der Vergleichswerte mit der Schneckendicke erklärt sich folgendermaßen: Schneckentriebe mit dicken Schnecken haben viel größere Zahnfelder als solche mit dünnen Schnecken bei gleichem $\frac{m}{r_m}$. Dabei hat sich der Raddurchmesser nur wenig geändert. Auch haben dicke Schnecken größere Umfangsgeschwindigkeiten. Die Ersatzkrümmungshalbmesser ϱ_N sind dagegen kaum verändert, wodurch der relative Verlust verschlechtert wird.

Zur Dimensionierung von Schneckentrieben können wir im Hinblick auf die Schneckendicke $\frac{r_i}{a}$ folgende Aussage machen: Im Interesse eines geringen relativen Verlustes und damit einer geringen Erwärmung ist es günstig, möglichst dünne Schnecken zu wählen. Lediglich bei Getrieben, bei denen es besonders auf eine hohe H e r t z'sche oder hydrodynamische Tragkraft ankommt, etwa bei hochbelasteten Langsamläufern mit häufigem An- und Auslaufen unter Last, sind dicke Schnecken zu wählen. Dadurch wird es möglich sein, den Zustand flüssiger Reibung schon bei möglichst niedrigen Drehzahlen zu erreichen und ihn für einen möglichst großen Teil der Betriebszeit zu erhalten.

f) Einfluß der Schneckensteigung

Zur Beurteilung des Einflusses der Steigung sind Schnecken ohne und mit Steigung untersucht. Für den letzteren ist eine mittlere Steigung und eine starke Steigung gewählt. Für eine mittlere Steigung wurden 4-gängige Schnecken mit der Zahngröße $\frac{m}{r_m} = 0,2$ und 8-gängige Schnecken mit der Zahngröße $\frac{m}{r_m} = 0,1$ untersucht. Der Steigungswinkel dieser Schnecken ist in der Mitte des Zahnfeldes

$$\gamma = \text{arc tg} \, \frac{z_1}{2} \frac{m}{r_m} = \text{arc tg} \, \frac{4}{2} \, 0,2 = \text{arc tg} \, \frac{8}{2} \, 0,1 = 21,8^{\circ}$$

Für die starke Steigung wurde eine 8-gängige Schnecke mit Hohlkreisprofil mit $\frac{m}{r_m} = 0,2$ gewählt. Der Steigungswinkel dieser Schnecke in der Mitte des Zahnfeldes ist $\gamma = 38,8^{\circ}$.

Die Ergebnisse der Untersuchungen sind in Bild 47 bis 49 über der Zähnezahl aufgetragen. Die ausgezogenen Linien sind die Ergebnisse der Schnecke mit Hohlkreisprofil, die gestrichelten diejenigen der Schnecke mit Geradlinienprofil. Es zeigt sich, daß Schnecken mit Steigung im allgemeinen schlechtere Ergebnisse aufweisen. Besonders tritt das bei der Schnecke mit Geradlinienprofil in Erscheinung.

Nur bei Schnecken mit starker Steigung finden wir wieder eine etwas verbesserte hydrodynamische Tragkraft. Diese Erscheinung erklärt sich folgendermaßen: Wie Bild 22a bis 22c zeigt, wird infolge der Steigung die Linie $w_N = 0$ aus der Mitte des Zahnfeldes nach rechts unten verlegt. Auf der Linie $w_N = 0$ wechselt der Schmierfilm die Seite einer B-Linie. Der Schmierdruck ist dabei gleich Null. Um die Linie $w_N = 0$ liegt jenes für die Schmierdruckbildung ungünstige Gebiet, das wir bei der Betrachtung der Schmierdruckbildung im Zahnfeld als Gebiet 3 bezeichnet haben. Dieses Gebiet fällt jedoch bei Schnecken mit starker Steigung mehr oder weniger aus dem Zahnfeld heraus.

Die Unterschiede in den Resultaten zwischen Schnecken ohne Steigung und solchen mit geringer bis mäßiger Steigung sind im allgemeinen ziemlich gering, so daß sich die einfache Untersuchung einer Schnecke ohne Steigung anstelle der entsprechenden flachgängigen Schnecke als geeignet erweist.

Um bei gegebenem Übersetzungsverhältnis i verschiedene Kombinationen von Schneckendicke $\frac{r_i}{a}$ und Gangzahl z_1 von günstigen Hohlkreisprofilen beurteilen zu können, sind für die Zahngröße $\frac{m}{r_m} =$ 0,2 Gütediagramme aus den Bildern 47 bis 49 entwickelt. Die Schneckendicke $\frac{r_i}{a}$ ist dabei als Abszisse und die Gangzahl z_1 als Ordinate aufgetragen. In der Ebene zwischen Ordinate und Abszisse sind die Werte $V_{M_{Rad}}$, $\frac{1}{i} V_{RV}$ und $V_{M_{Rad}, Hertz}$ als Höhen eingetragen. Zu ihrer Darstellung sind jeweils Höhenlinien $V =$ konst gezeichnet. So sind die Werte $V_{M_{Rad}}$ in Bild 50, $\frac{1}{i} V_{RV}$ in Bild 51 und $V_{M_{Rad}, Hertz}$ in Bild 52 dargestellt.

Mit der Abszisse $\frac{r_i}{a}$ und der Ordinate z_1 ist bei gegebenem $\frac{m}{r_m} =$ 0,2 für jeden Punkt das Übersetzungsverhältnis i durch die Beziehung

$$\frac{r_i}{a} = \frac{\dfrac{r_m}{m} - 1}{\dfrac{r_m}{m} + n + \dfrac{z_2}{2}}$$

festgelegt. Die Linien i = konst sind danach in den Bildern 50 bis 52 strichpunktiert eingezeichnet.

Bild 50 zeigt, wie bei verschiedenen Gangzahlen z_1 die Werte $V_{M_{Rad}}$ mit $\frac{r_i}{a}$ ansteigen. Für alle Übersetzungen i finden wir jedoch ein Minimum bei Schnecken mit großer Steigung und der Gangzahl $z_1 =$ 6 bis 8. So zeigt die punktierte Linie in Bild 50 die bei dem jeweiligen Übersetzungsverhältnis i ungünstigste Kombination von z_1 und $\frac{r_i}{a}$. Die punktierte Linie verbindet also die jeweils tiefsten Punkte der Linien i = konst auf der Niveaufläche $V_{M_{Rad}}$ miteinander. Die Verbesserung der $V_{M_{Rad}}$-Werte bei großen Gangzahlen ist durch das Herausfallen der Linie $w_N =$ 0 aus dem Zahnfelde bedingt.

Bild 51 zeigt das Gütediagramm für $\frac{1}{i} V_{RV}$. Die Vergleichswerte $\frac{1}{i} V_{RV}$ aller Gangzahlen z_1 steigen ziemlich gleichmäßig mit $\frac{r_i}{a}$ an. Diese Erscheinung ist bei der Untersuchung des Einflusses der Schneckendicke erklärt.

Die Vergleichswerte $V_{M_{Rad}, Hertz}$ zeigen in Bild 52 als Grundtendenz die früher besprochene Verbesserung mit $\frac{r_i}{a}$. Der Verlauf der Linien i = const zeigt, daß wir bei $\frac{m}{r_m}$ = 0,2 nur bei kleineren Übersetzungen, wie etwa i = 5 : 1 zu optimalen VM_{Rad},Hertz-Werten kommen.

Der Verlauf der Linien i = konst in Bild 50 bis 52 zeigt, daß bei <u>gegebener</u> Übersetzung i besonders bei Schnecken mit geringer Steigung (Gangzahl z_1 = 0 bis 4) die Vergleichswerte sich mit der Schneckendicke $\frac{r_i}{a}$ ändern. Bei den großen Steigungen ($z_1 \geqq 5$) verlaufen die Linien i = konst überwiegend tangential zu den Höhenlinien V = konst.

<u>D. Die Vorteile des Hohlkreisprofiles nach G. N i e m a n n</u>

Die Untersuchungen zeigen eine unbedingte Überlegenheit der Schnecke mit Hohlkreisprofil gegenüber den üblichen Schnecken mit Geradlinienprofil oder auch balligen Profilformen. Dieses Ergebnis war schon aus der Betrachtung des Verlaufes der B-Linien zu erwarten. Vergleichen wir anhand von Bild 44 bis 46 die Ergebnisse eines Schneckentriebes mit einer gebräuchlichen Schneckendicke $\frac{r_i}{a}$ = 0,16, so finden wir folgende Überlegenheit des Hohlkreisprofiles gegenüber dem Geradlinienprofil:

Bei VM_{Rad} etwa 50 %

bei $\frac{1}{i} V_{RV}$ etwa 42 %

bei VM_{Rad},Hertz   etwa 25 %

Die Schnecke mit Hohlkreisprofil läuft also mit erheblich größerer Sicherheit im Zustande flüssiger Reibung. Andererseits kann auch infolge der günstigen Schmierdruckbildung zu Schmiermitteln mit geringerer Zähigkeit übergegangen werden. Dadurch werden die Plantschverluste im Getriebe verringert. Somit kann einer weiteren Verlustquelle im Getriebe entgegengetreten werden. Aber auch im Zustande gemischter Reibung bringt der Übergang zur Schnecke mit Hohlkreisprofil erhebliche Vorteile im Hinblick auf Walzenpressung und Verschleiß bzw. auf die Lebensdauer des Getriebes.

Teil VII

Ableitungen theoretischer Formeln

A. Ableitung der Gleichungen 17* und 18*

In die Schnecke wird ein Koordinatensystem nach Bild 53 gelegt.
Die z-Achse ist Schneckenachse, die x-Achse liegt im Bild 53,
rechts, in der Mittelschnittebene und die y-Achse senkrecht dazu.

Die Schneckenflanke gibt eine Schraubenfläche. Hierbei ist z
eine Funktion von x und y. In einer Parallelschnittebene (P-
Ebene) ist y = konst, z also eine Funktion von x allein.

Es wird für die Zahnflanke in der P-Ebene (vgl. auch Bild 1)

$$\text{tg } \alpha = \frac{\partial z}{\partial x}; \qquad \cos^{-2}\alpha = 1 + \left(\frac{\partial z}{\partial x}\right)^2;$$

$$\frac{1}{\varrho_1} = - \frac{\dfrac{\partial^2 z}{\partial x^2}}{\left(1 + \left(\frac{\partial z}{\partial x}\right)^2\right)^{\frac{3}{2}}} = - \cos^3\alpha \, \frac{\partial^2 z}{\partial x^2}$$

Ein Punkt im Raume ist entweder durch seine x,y,z-Koordinaten
oder durch die Zylinderkoordinaten ϑ,r,z nach Bild 53 festgelegt. Hierbei ist

$$r^2 = x^2 + y^2; \qquad \text{tg } \vartheta = \frac{y}{x}$$

Im Mittelschnitt (M-Ebene), der in Bild 53, rechts, gezeigt ist,
wird $y_M = 0$; $x_M = r$ und z_M eine gegebene Funktion von r:

$$z_M = f(r)$$

also

$$\text{tg } \alpha_M = \frac{\partial f(r)}{\partial r}; \qquad \frac{1}{\varrho_{M_1}} = - \cos^3\alpha_M \, \frac{\partial^2 f(r)}{\partial r^2}$$

Die Schraubenfläche hat die Gleichung

$$z = f(r) - \frac{\vartheta h}{2\pi}$$

Hieraus für eine P-Ebene

$$\operatorname{tg}\alpha = \frac{\partial z}{\partial x} = \frac{\partial f(r)}{\partial r}\frac{\partial r}{\partial x} - \frac{\partial \vartheta}{\partial x}\frac{h}{2\pi} = \frac{\partial f(r)}{\partial r}\frac{x}{r} + \frac{h}{2\pi}\frac{y}{x^2 + y^2} =$$

$$= \operatorname{tg}\alpha_M \cos\vartheta + \operatorname{tg}\gamma \sin\vartheta \qquad (17^*)$$

$$\frac{1}{\varrho_1} = -\cos^3\alpha\,\frac{\partial^2 z}{\partial x^2} = -\cos^3\alpha\,\left(\frac{\partial^2 f(r)}{\partial r^2}\left[\frac{\partial r}{\partial x}\right]^2 + \frac{\partial f(r)}{\partial r}\frac{\partial^2 r}{\partial x^2} - \frac{\partial^2\vartheta}{\partial x^2}\frac{h}{2\pi}\right) =$$

$$= \cos^3\alpha\,\left(-\frac{\partial^2 f(r)}{\partial r^2}\frac{x^2}{r^2} - \frac{\partial f(r)}{\partial r}\frac{y^2}{r^3} + \frac{2\,x\,y}{(x^2 + y^2)^2}\frac{h}{2\pi}\right) =$$

$$= \cos^3\alpha\,\left(\frac{\cos^2\vartheta}{\cos\alpha_M\,\varrho_M} - \frac{\operatorname{tg}\alpha_M\,\sin^2\vartheta}{r} + 2\,\frac{\operatorname{tg}\gamma\,\sin\vartheta\,\cos\vartheta}{r}\right)$$

$$(18^*)$$

B. Ableitung der Gleichungen 35* und 36*

Die B-Ebene, Bild 54, schneidet die Bildebene (Stirnebene) in
der G-Linie, die durch den Punkt B_M geht. Von der B-Ebene wis-
sen wir: Schreiten wir vom Punkte B_M nach rechts, so ist die
Steigung gleich $\operatorname{tg}\alpha_M$. Wir wollen in beiden Richtungen soweit
gehen, daß wir uns um die Länge 1 von der Bildebene entfernen.
Dann müssen wir in der Projektion auf die Bildebene um das Stück
$\frac{1}{\operatorname{tg}\gamma}$ nach rechts und um das Stück $\frac{1}{\operatorname{tg}\alpha_M}$ nach oben rücken. Verbinden wir die zwei so bestimmten Punkte, so erhalten wir die
Projektion einer Geraden der B-Ebene, die den Abstand 1 von der
Bildebene hat. Die G-Linie, d.i. die Schnittlinie der B-Ebene
mit der Bildebene, ist parallel dazu. Der Winkel δ zwischen der
G-Linie und der U'-Linie, die hier horizontal verläuft, wird aus
dem rechtwinkligen Dreieck mit den Seiten $\frac{1}{\operatorname{tg}\gamma}$ und $\frac{1}{\operatorname{tg}\alpha_M}$ gefunden:

$$\operatorname{tg}\delta = \frac{\operatorname{tg}\gamma}{\operatorname{tg}\alpha_M} \qquad (35^*)$$

Die B-Ebene bildet mit der Bildebene den Winkel τ. Die größte
Steigung geht in Richtung senkrecht zur Hypotenuse des rechtwinkligen Dreieckes. Fällen wir von B_M ein Lot auf diese Hypo-

tenuse, so wird seine Länge $1 : \sqrt{tg^2 \alpha_M + tg^2 \gamma}$. Da wir bei einer entsprechenden Bewegung auf der B-Ebene uns um die Strecke 1 von der Bildebene entfernen, so folgt

$$tg \, \tau = \sqrt{tg^2 \alpha_M + tg^2 \gamma} \qquad\qquad (36\ )$$

C. Ableitung der Gleichung 34[*]

Die Ableitung erfolgt für zwei beliebig gewölbte Flächen mit Linienberührung.

Zwei gewölbte Flächen F_1 und F_2 mögen sich im Punkt B berühren. Wir führen ein rechtwinkliges Koordinatensystem ein, so daß die x,y-Ebene zur gemeinsamen Berührungsebene wird. Die Gleichungen der Flächen in der Nähe von B sind dann:

$$z_1 = a_1 \, x^2 + 2 \, b_1 \, x \, y + c_1 \, y^2$$
$$z_2 = a_2 \, x^2 + 2 \, b_2 \, x \, y + c_2 \, y^2$$

Berühren sich beide Flächen längs einer Linie und läßt man die x-Achse mit der Tangente an die B-Ebene zusammenfallen, so wird $a_1 = a_2$ und $b_1 = b_2$.

Die Spaltstärke zwischen beiden Flächen wird:

$$z_1 - z_2 = (c_1 - c_2) \, y^2$$

Trägt man diese Höhenunterschiede über der x,y-Ebene ab, so erhält man eine Zylinderfläche mit der x-Achse als Mantellinie und dem Krümmungshalbmesser

$$\varrho_N = \frac{1}{2 \, (c_1 - c_2)}$$

Nunmehr wollen wir beide Flächen F_1 und F_2 mit einer beliebigen Ebene durch B zum Schnitt bringen, die sich berührenden Schnittkurven in dieser Ebene betrachten und aus ihren Krümmungshalbmessern ϱ_1 und ϱ_2 den Krümmungshalbmesser ϱ_N finden. Die Schnittebene wird nach Bild 55 rechts und links wie folgt festgelegt: Wir legen eine Ebene E in die y,z-Ebene und verbinden mit ihr ein Koordinatensystem. Dann drehen wir Ebene und Koordinaten-

system um die z-Achse um den Winkel φ und erhalten die Ebene E'
mit dem gedrehten Koordinatensystem x',y',z', Bild 55 links.
Weiter drehen wir die Ebene E' um die y'-Achse um den Winkel ψ
und erhalten die Ebene E" mit dem Koordinatensystem x",y",z",
Bild 55 rechts.

Die Koordinaten eines Raumpunktes x,y,z lassen sich durch x',
y',z' und diese durch x",y",z" ausdrücken. Hieraus erhält man:

$$x = x'' \cos \varphi \cos \psi - y'' \sin \varphi + z'' \cos \varphi \sin \psi$$
$$y = x'' \sin \varphi \cos \psi + y'' \cos \varphi + z'' \sin \varphi \sin \psi$$
$$z = - x'' \sin \psi + z'' \cos \psi$$

Wir nehmen nun eine gewölbte Fläche

$$z = a\, x^2 + 2\, b\, x\, y + c\, y^2$$

drücken die Gleichung in den zweimal gestrichenen Koordinaten
aus, indem wir x,y und z einsetzen. Um die Schnittkurve in der
Ebene E" zu erhalten, setzen wir x" = 0. Berücksichtigen wir nur
die Glieder mit z" und y''^2, da alle übrigen klein von höherer
Ordnung sind, so erhalten wir:

$$z'' \cos \psi = (a \sin^2 \varphi - 2\, b \sin \varphi \cos \varphi + c \cos^2 \varphi)\, y''^2$$

Für die Schnittkurve der Fläche F_1 mit $a = a_1$, $b = b_1$, $c = c_1$
erhalten wir für den Krümmungshalbmesser ϱ_1

$$\frac{1}{\varrho_1} = \frac{2\,(a_1 \sin^2 \varphi - 2\, b_1 \sin \varphi \cos \varphi + c_1 \cos^2 \varphi)}{\cos \psi}$$

Für die Schnittkurve der Fläche F_2 mit $a = a_1$, $b = b_1$, $c = c_2$
wird

$$\frac{1}{\varrho_2} = \frac{2\,(a_1 \sin^2 \varphi - 2\, b_1 \sin \varphi \cos \varphi + c_2 \cos^2 \varphi)}{\cos \psi}$$

Hieraus folgt

$$\frac{1}{\varrho} = \frac{1}{\varrho_1} - \frac{1}{\varrho_2} = \frac{2\,(c_1 - c_2) \cos^2 \varphi}{\cos \psi} = \frac{\cos^2 \varphi}{\varrho_N \cos \psi}$$

oder

$$\varrho_N = \frac{\varrho \cos^2 \varphi}{\cos \psi} \qquad\qquad (34^*)$$

D. Ableitung der Gleichungen 32*, 45* und 46*

Auf Bild 56a sieht man die Wälzlinie W_1 einer Zahnstange und den Wälzkreis W_2 eines Rades vom Halbmesser r_{o2}, die sich im Wälzpunkt C berühren. Die Zähne mögen sich auf der Eingriffslinie E im Punkt 1 berühren. Die Verbindungslinie $\overline{1\,C}$ steht senkrecht zur Profiltangente im Punkt 1.

Bewegt sich die Zahnstange mit der Geschwindigkeit v_2 nach rechts, so verschiebt sich in der Zeit dt das Profil um das Stück v_2 dt. Der Berührungspunkt ist jetzt Punkt 3 auf der Eingriffslinie. Punkt 2 hat sich hierbei nach Punkt 3 verschoben; die Strecke $\overline{2\,3}$ ist folglich v_2 dt. Das Profil verschiebt sich relativ zum Berührungspunkt um das Stück $\overline{2\,1}$ nach oben; bezeichnen wir diese Geschwindigkeit mit f_1, so ist $\overline{2\,1} = f_1$ dt.

Die Länge $\overline{1\,C}$ ist a_o. Wir wollen f_1 durch a_o, den Krümmungshalbmesser ϱ_1 des Profiles und v_2 ausdrücken.

Den Krümmungshalbmesser erhalten wir, indem wir die Normalen in den Punkten 1 und 2 zum Profil errichten, zum Schnitt bringen und ihre Länge bis zum Schnittpunkt finden. Der Winkel zwischen beiden Normalen ist gleich dem Winkel zwischen den Linien $\overline{1\,C}$ und $\overline{3\,C}$. $\overline{3\,C}$ verlängern wir bis zum Schnitt mit dem Profil, dem Punkt 4. Dann ist der Tangens des Winkels gleich $\frac{\overline{4\,1}}{a_o}$ und entspricht somit dem Winkel selbst, da $\overline{4\,1}$ eine differentielle Größe ist. Nun ist $\overline{2\,1} = f_1$ dt, $\overline{2\,4} = v_2$ dt $\sin\alpha$, also $\overline{4\,1} = (f_1 - v_2 \sin\alpha)$ dt; folglich wird der Winkel 3 C 1 gleich $(f_1 - v_2 \sin\alpha)\,\frac{dt}{a_o}$.

Der reziproke Krümmungshalbmesser wird

$$\frac{1}{\varrho_1} = \frac{\sphericalangle\,(3\ C\ 1)}{\overline{2\,1}} = \frac{(f_1 - v_2 \sin\alpha)\,dt}{a_o\,f_1\,dt}$$

Hieraus finden wir

$$f_1 = v_2 \sin\alpha\,\frac{\varrho_1}{\varrho_1 - a_o} \tag{45*}$$

Mit diesem Ausdruck von f_1 wird

$$\sphericalangle\,(3\ C\ 1) = \frac{v_2\ \sin\alpha\ dt}{\varrho_1 - a_o}$$

Die Geschwindigkeit f_2 des Gegenprofiles relativ zum Berührungspunkt folgt aus Bild 56b. Jeder Punkt des Gegenprofiles verschiebt sich auf einem kurzen Linienstück senkrecht zum entsprechenden Halbmesser. Nach dem neuen Berührungspunkt 3 kommt
hierbei der Punkt 5 des Profiles. Das Gegenprofil verschiebt
sich also relativ zum Berührungspunkt um das Stück $\overline{5\ 1} = f_2$ dt.
Wir ermitteln hiervon die Teilstrecke $\overline{5\ 2} = (f_2 - f_1)$ dt. Das
Dreieck 5 2 3 ist ähnlich dem Dreieck 1 C O_2. Hieraus

$$\frac{\overline{5\ 2}}{\overline{2\ 3}} = \frac{a_o}{r_{o2}}; \qquad \frac{f_2 - f_1}{v_2} = \frac{a_o}{r_{o2}}; \qquad f_2 = f_1 + \frac{v_2\ a_o}{r_{o2}} \qquad (46^*)$$

Um den Krümmungshalbmesser des Gegenprofiles zu finden, denken
wir uns Normalen im Punkt 1 und im Punkt 5. Die erste geht durch
den Punkt C. Wenn sich das Rad um den Winkel $\dfrac{v_2\ dt}{r_{o2}}$ gedreht hat,
der Punkt 5 nach Punkt 3 gewandert ist, so geht die Normale des
Punktes 5 ebenfalls durch C. Der Winkel zwischen beiden Normalen vor der Drehung ist folglich:

$$\frac{v_2\ dt}{r_{o2}} + \sphericalangle\,(3\ C\ 1) = v_2\ dt\left[\frac{1}{r_{o2}} + \frac{\sin\alpha}{\varrho_1 - a_o}\right]$$

Die Länge $\overline{5\ 1}$ auf dem Profil ist

$$f_2\ dt = \left(f_1 + v_2\ \frac{a_o}{r_{o2}}\right)\ dt = v_2\left(\sin\alpha\ \frac{\varrho_1}{\varrho_1 - a_o} + \frac{a_o}{r_{o2}}\right)\ dt$$

Der reziproke Krümmungshalbmesser des Gegenprofiles wird hiermit:

$$\frac{1}{\varrho_2} = \frac{\dfrac{v_2\ dt}{r_{o2}} + \sphericalangle\,(3\ C\ 1)}{f_2\ dt} = \frac{r_{o2}\ \sin\alpha + \varrho_1 - a_o}{\varrho_1\ r_{o2}\ \sin\alpha + \varrho_1\ a_o - a_o^2} \qquad (31^*)$$

und der reziproke resultierende Krümmungshalbmesser

$$\frac{1}{\varrho} = \frac{1}{\varrho_2} - \frac{1}{\varrho_1} = \frac{(\varrho_1 - a_o)^2}{\varrho_1\,(\varrho_1\ r_{o2}\ \sin\alpha + \varrho_1\ a_o - a_o^2)}$$

oder

$$\varrho = \frac{r_{o2}\,\sin\alpha - \dfrac{a_o^2}{\varrho_1} + a_o}{(1 - \dfrac{a_o}{\varrho_1})^2}$$ (32*)

E. Ableitung der Gleichung 5*

Nach P e p p l e r [2] [1] ist die hydrodynamische Verlustleistung $L_{F_{Normal}}$ je Längeneinheit der B-Linie zwischen einer Walze mit dem Halbmesser ϱ_N und einer Ebene, wenn nur Geschwindigkeiten senkrecht zur B-Linie vorliegen

$$L_{F_{Normal}} = 2,3\,\xi\,\sqrt{\frac{\varrho_N}{s}}\,(w_N^2 + 1,238\,w_D^2)$$

Die hydrodynamischen Grundgleichungen lauten bei Vernachlässigung der Massenkräfte

$$\frac{\partial p}{\partial x} = \xi\,\left(\frac{\partial^2 u}{\partial x^2} + \frac{\partial^2 u}{\partial y^2} + \frac{\partial^2 u}{\partial z^2}\right)\quad \text{und zyklisch.}$$

Hierbei ist p der Druck, ξ die dynamische Zähigkeit, u, v, w die Geschwindigkeiten in x,y,z-Richtung.

Beim Spalt zwischen einer Ebene und einer dazu parallelen Walze legen wir die x,z-Ebene in diese Ebene mit der z-Achse parallel zur Walzenachse. Für $y = 0$ erhält man die Ebene, für $y = s = s_o + \dfrac{x^2}{2\varrho_N}$ die Walzenoberfläche in erster Näherung.

Die Geschwindigkeiten v werden vernachlässigt, die Ableitungen nach z werden gleich Null, da keine Änderungen in dieser Richtung vorliegen. Die Grundgleichungen vereinfachen sich zu:

$$\frac{\partial p}{\partial x} = \xi\,\left(\frac{\partial^2 u}{\partial x^2} + \frac{\partial^2 u}{\partial y^2}\right)$$

$$\frac{\partial p}{\partial y} = 0$$

$$\frac{\partial p}{\partial z} = \xi\,\frac{\partial^2 w}{\partial y^2} = 0$$

---

[1] Schreibweise gegenüber erwähnter Arbeit geändert

p wird nur eine Funktion von x, so daß wir $\frac{dp}{dx}$ für $\frac{\partial p}{\partial x}$ schreiben.

Für u und w erhält man den Ansatz

$$u = (u_1 + \frac{u_2 - u_1}{s}\, y) + \frac{1}{2\,\xi}\,\frac{dp}{dx}\,(y\,s - y^2)$$

$$w = w_1 + \frac{w_2 - w_1}{s}\, y$$

Hiermit sind die Grundgleichungen und die Randbedingungen

$$u = u_1, \qquad w = w_1 \qquad \text{für} \quad y = 0$$
$$u = u_2, \qquad w = w_2 \qquad \text{für} \quad y = s$$

erfüllt.

Die Untersuchung kann für u und w getrennt durchgeführt werden. Für u erhält man die bekannten Ergebnisse der hydrodynamischen Schmiertheorie. Für w erhält man entsprechende Ergebnisse, nur fällt das zweite Glied im Ansatz weg.

Die Verlustleistung wird aus den Schubkräften an der Walzenoberfläche und an der Ebene berechnet. Man muß sie folglich für die Komponenten der Schubkräfte getrennt ermitteln. Für die x-Richtung erhält man

$$L_{F_x} = 2,3\ \xi\ \sqrt{\frac{\varrho N}{s}}\ \left[(u_1 + u_2)^2 + 1,238\ (u_1 - u_2)^2\right]$$

für die z-Richtung folglich

$$L_{F_z} = 2,3\ \xi\ \sqrt{\frac{\varrho N}{s}}\ 1,238\ (w_1 - w_2)^2$$

Mit $(u_1 + u_2)^2 = w_N^2$, $(u_1 - u_2)^2 = w_D^2$, $(w_1 - w_2)^2 = w_B^2$ wird die gesamte Verlustleistung

$$L_F = 2,3\ \xi\ \sqrt{\frac{\varrho N}{s}}\ (w_N^2 + 1,238\ w_D^2 + 1,238\ w_B^2)$$

L_F ist die gesamte hydrodynamische Verlustleistung je Längeneinheit der B-Linie. Je <u>Längenelement dℓ</u> der B-Linie ist die Verlustleistung

$$dL_V = L_F\ d\ell = 2,3\ \xi\ \sqrt{\frac{\varrho N}{s}}\ (w_N^2 + 1,238\ w_D^2 + 1,238\ w_B^2)\ d\ell$$

$$(5^*)$$

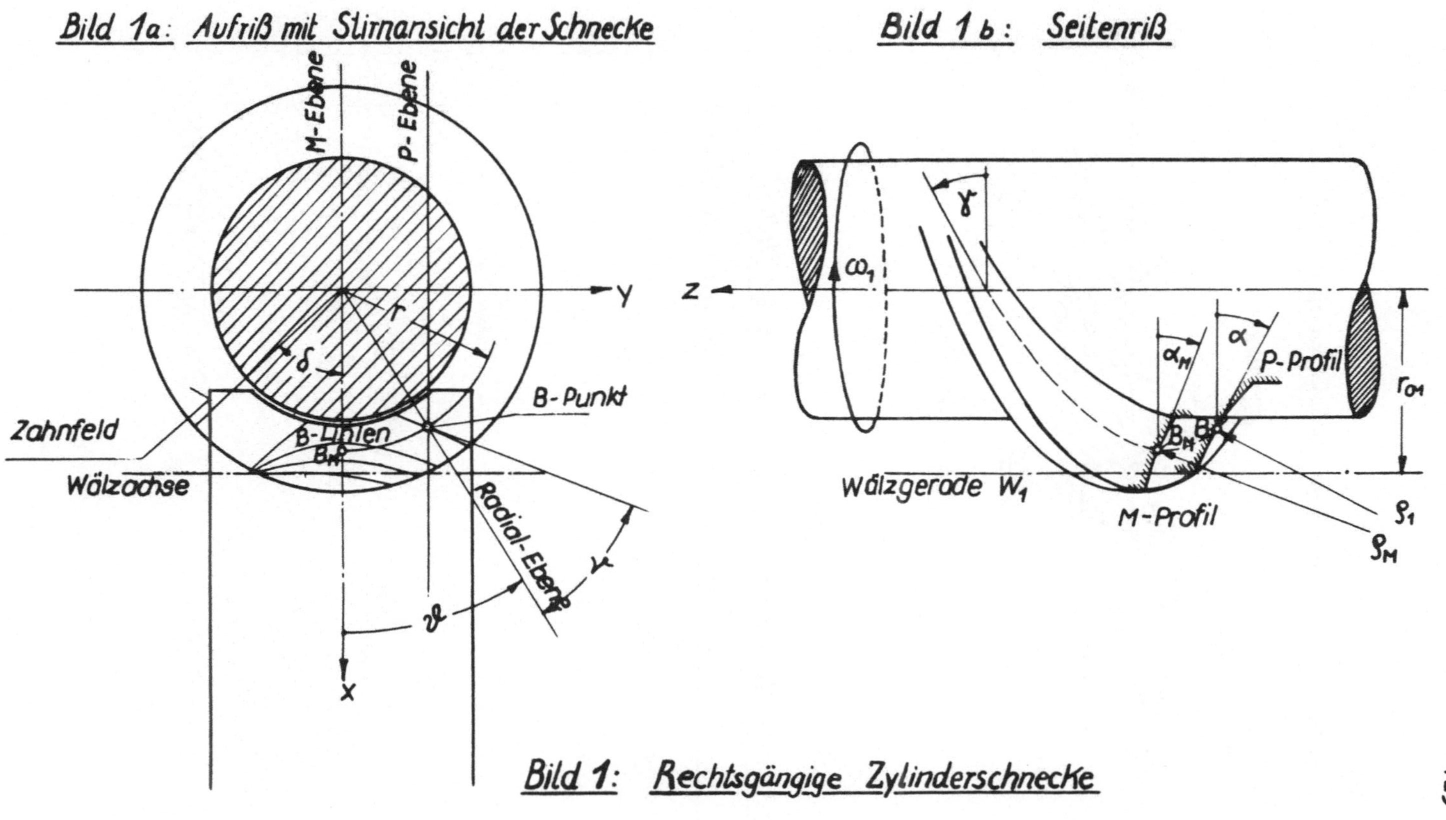
Bild 1a: Aufriß mit Stirnansicht der Schnecke
M-Ebene
P-Ebene
Y
r
δ
Zahnfeld
B-Linien
B_M
B-Punkt
Wälzachse
Radial-Ebene
γ
ϑ
X
Bild 1b: Seitenriß
γ
ω₁
z
α_M
α
P-Profil
r_oM
B_M
B₁
Wälzgerade W₁
M-Profil
β₁
β_M
Bild 1: Rechtsgängige Zylinderschnecke

Bild 2: M-Profil von Schnecke und Rad

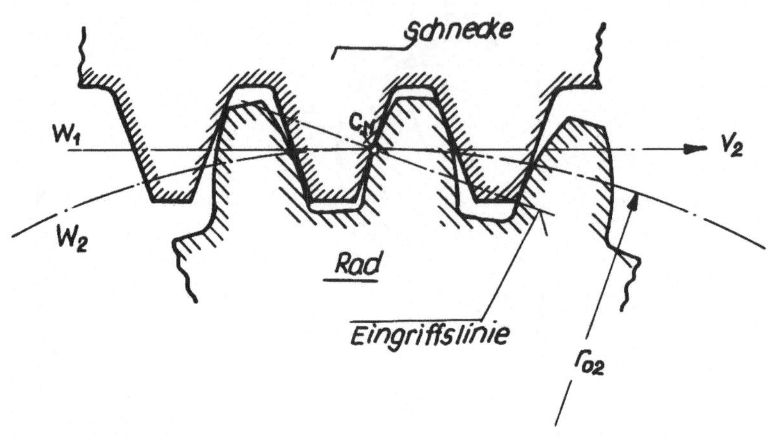

Bild 3: M-Profile von Zylinderschnecken in der Stellung $d = 0$

Bild 3a: Geradlinienprofil
Bild 3b: Hohlkreisprofil

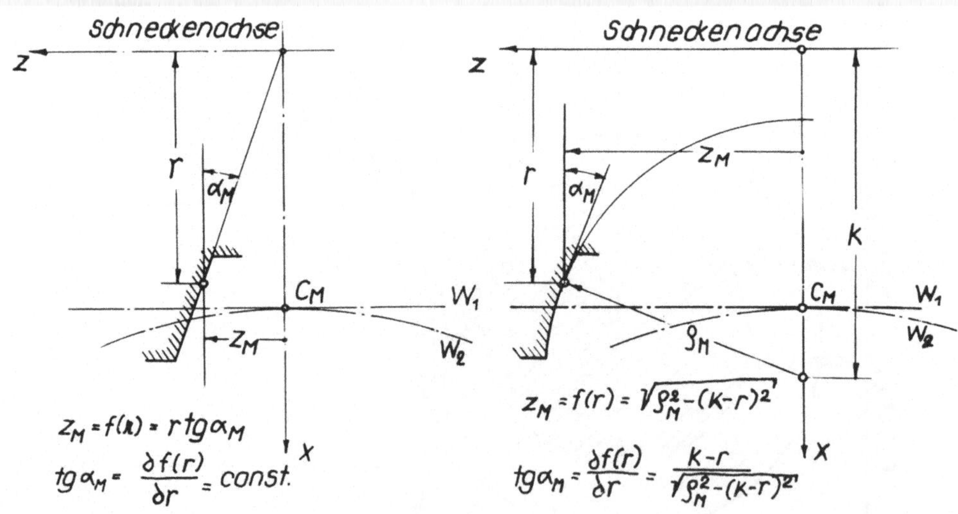

$$z_M = f(k) = r\,tg\,\alpha_M$$
$$tg\,\alpha_M = \frac{\partial f(r)}{\partial r} = const.$$

$$z_M = f(r) = \sqrt{\varrho_M^2 - (k-r)^2}$$
$$tg\,\alpha_M = \frac{\partial f(r)}{\partial r} = \frac{k-r}{\sqrt{\varrho_M^2 - (k-r)^2}}$$

Bild 4: Zur Gleichung der Eingriffspunkte

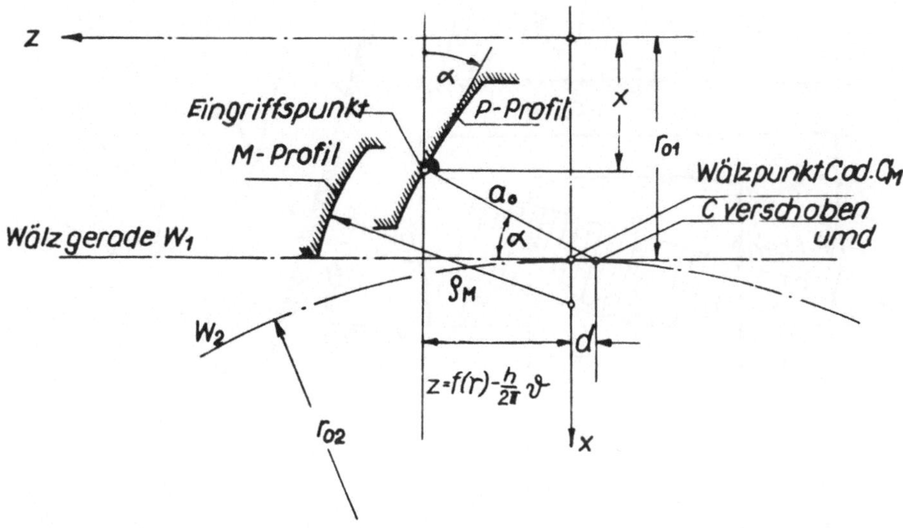

Bild 5: Neigung der B-Linie

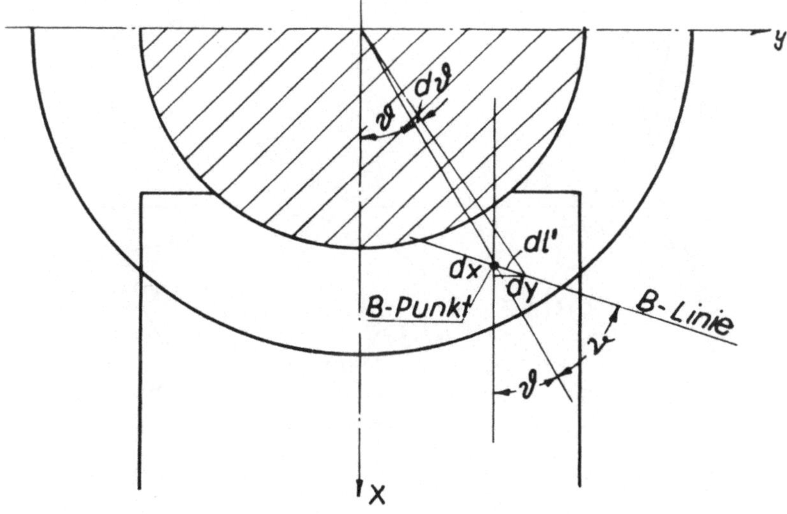

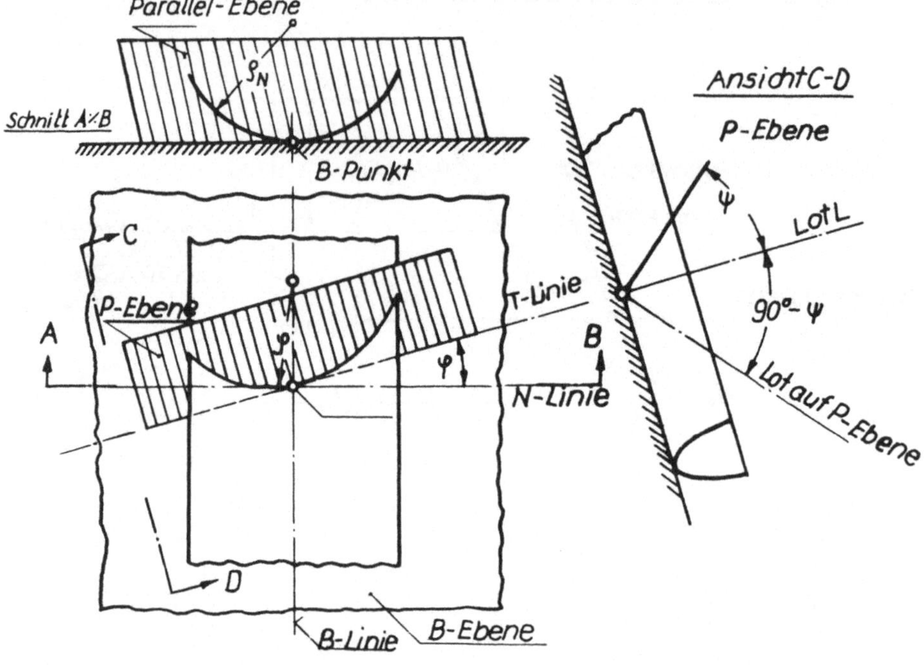

Bild 6: Lage von Ersatzwalze, B-Ebene und P-Ebene
Parallel-Ebene
ϱ_N
Schnitt A-B
B-Punkt
C
P-Ebene
A
T-Linie
B
N-Linie
φ
D
B-Linie
B-Ebene
Ansicht C-D
P-Ebene
ψ
Lot L
90°- ψ
Lot auf P-Ebene

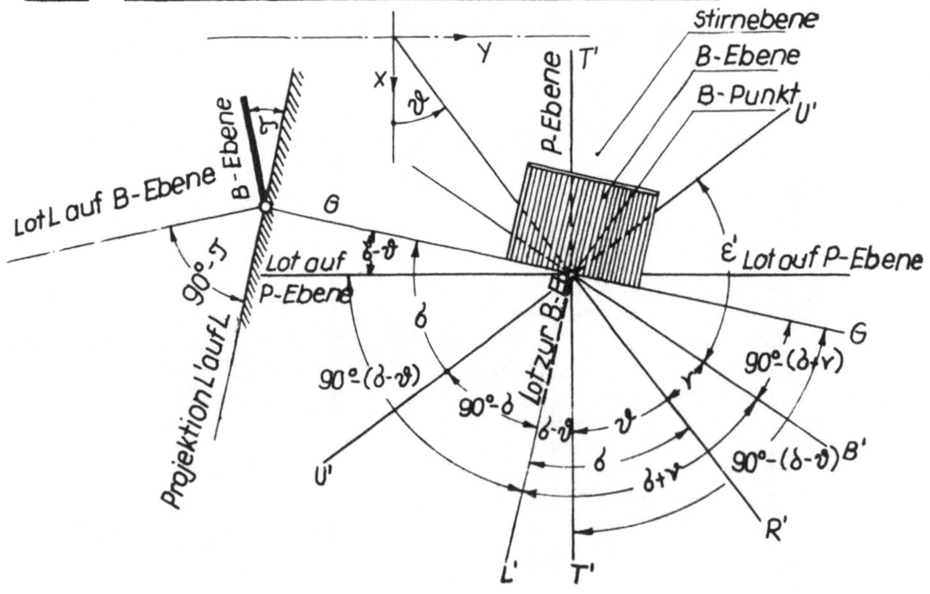

Bild 7: Lage der B-Ebene zur Stirnebene der Schnecke
Stirnebene
B-Ebene
B-Punkt
Y
X
ϑ
P-Ebene
T'
U'
Lot L auf B-Ebene
B-Ebene
Projektion L auf L
G
Lot auf
P-Ebene
$\delta - \vartheta$
Lot zur B-Ebene
ε Lot auf P-Ebene
90°-ϑ
δ
90°-$(\delta - \vartheta)$
90°-δ
$\delta - \vartheta$
ϑ
G
90°-$(\delta + \gamma)$
γ
U'
δ
$\delta + \gamma$
90°-$(\delta - \vartheta)$ B'
R'
L'
T'

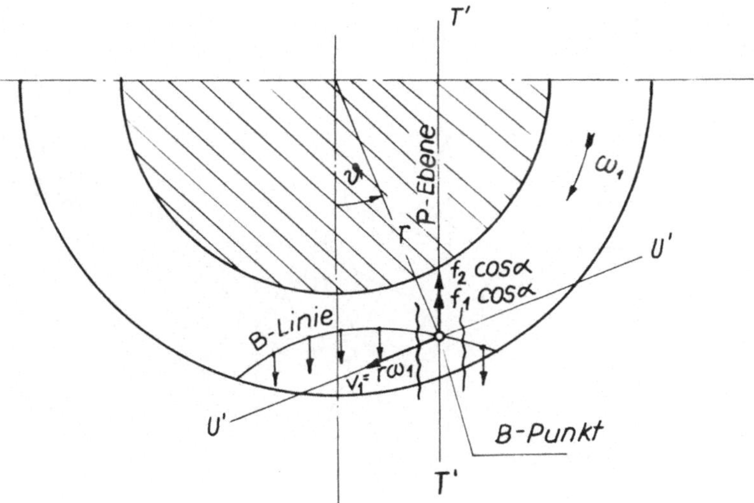

Bild 8: Geschwindigkeiten in der Stirnebene der Schnecke

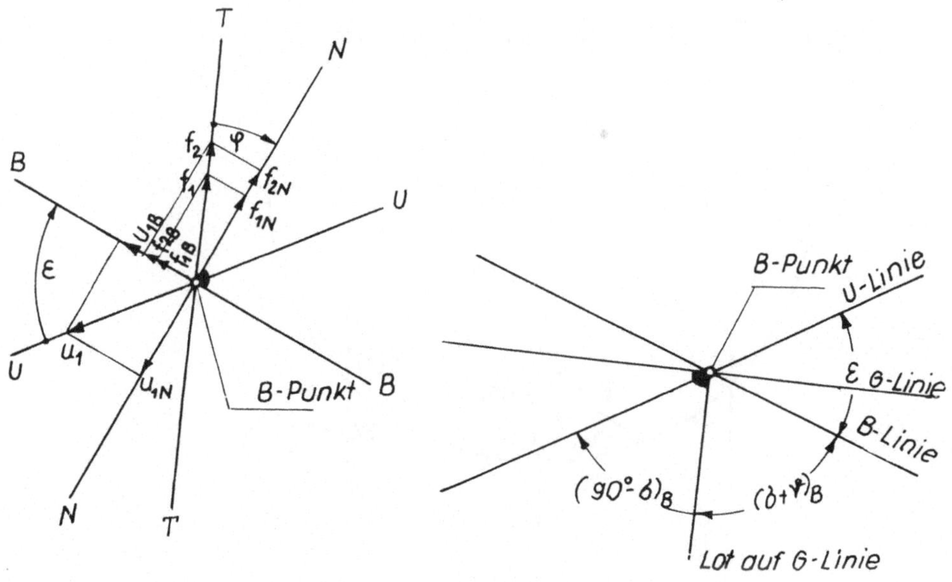

Bild 9: Geschwindigkeiten in der B-Ebene

Bild 10: Zur Ermittlung von ε

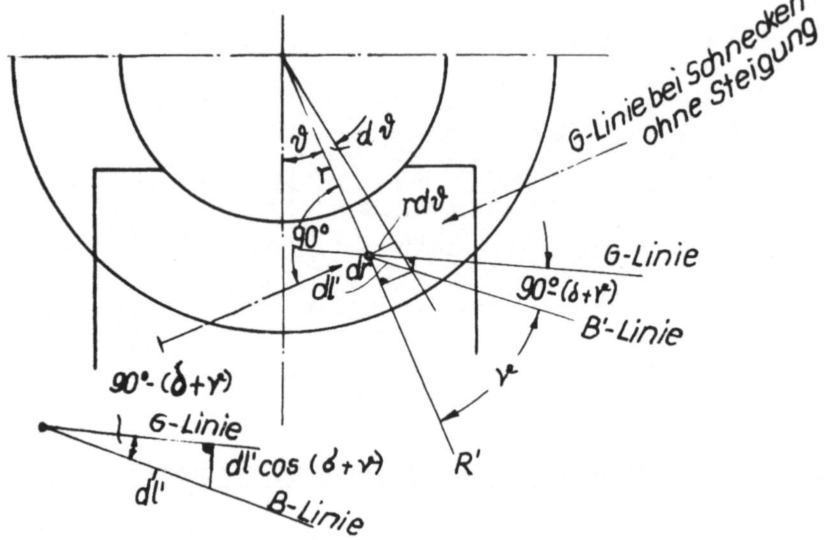

Bild 11: Zur Berechnung von dr und $d\vartheta$

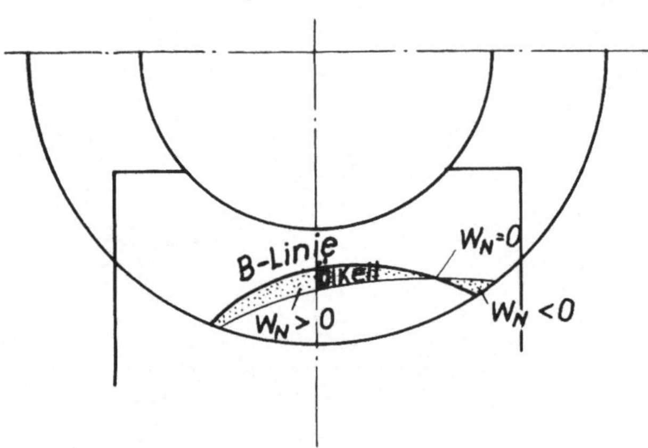

Bild 12: Zur Schmierdruckbildung

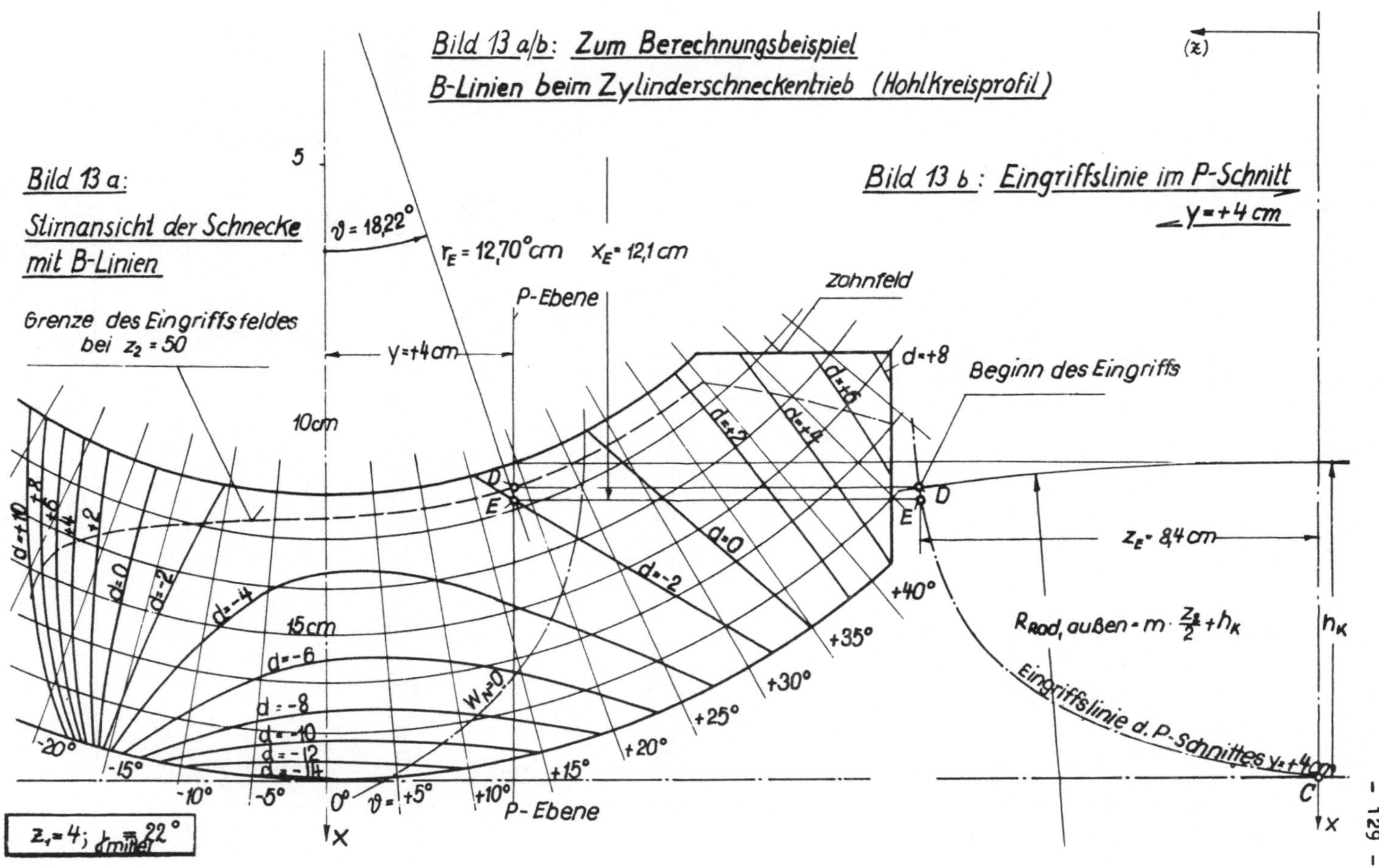
Bild 13 a/b: Zum Berechnungsbeispiel
B-Linien beim Zylinderschneckentrieb (Hohlkreisprofil)
Bild 13 a:
Stirnansicht der Schnecke mit B-Linien
Grenze des Eingriffsfeldes bei $z_2 = 50$
Bild 13 b: Eingriffslinie im P-Schnitt
$y = +4$ cm
$\vartheta = 18{,}22°$
$r_E = 12{,}70°$ cm
$x_E = 12{,}1$ cm
P-Ebene
Zahnfeld
$y = +4$ cm
10 cm
15 cm
Beginn des Eingriffs
$d = +8$
$d = +6$
$d = +4$
$d = +2$
$d = 0$
$d = -2$
$d = -4$
$d = -6$
$d = -8$
$d = -10$
$d = -12$
$d = -14$
$d = +10$
$d = +8$
$d = +6$
$d = +4$
$d = +2$
$d = 0$
$d = -2$
$d = -4$
$W_N = 0$
$+40°$
$+35°$
$+30°$
$+25°$
$+20°$
$+15°$
$+10°$
$\vartheta = +5°$
$0°$
$-5°$
$-10°$
$-15°$
$-20°$
P-Ebene
$z_E = 8{,}4$ cm
$R_{Rad,\ außen} = m \cdot \frac{z_2}{2} + h_K$
Eingriffslinie d. P-Schnittes $y = +4$ cm
h_K
C
D
E
X
(z)
5
$z_1 = 4;\ \iota_{mittel} = 22°$

Bild 14 a/c: Zum Berechnungsbeispiel

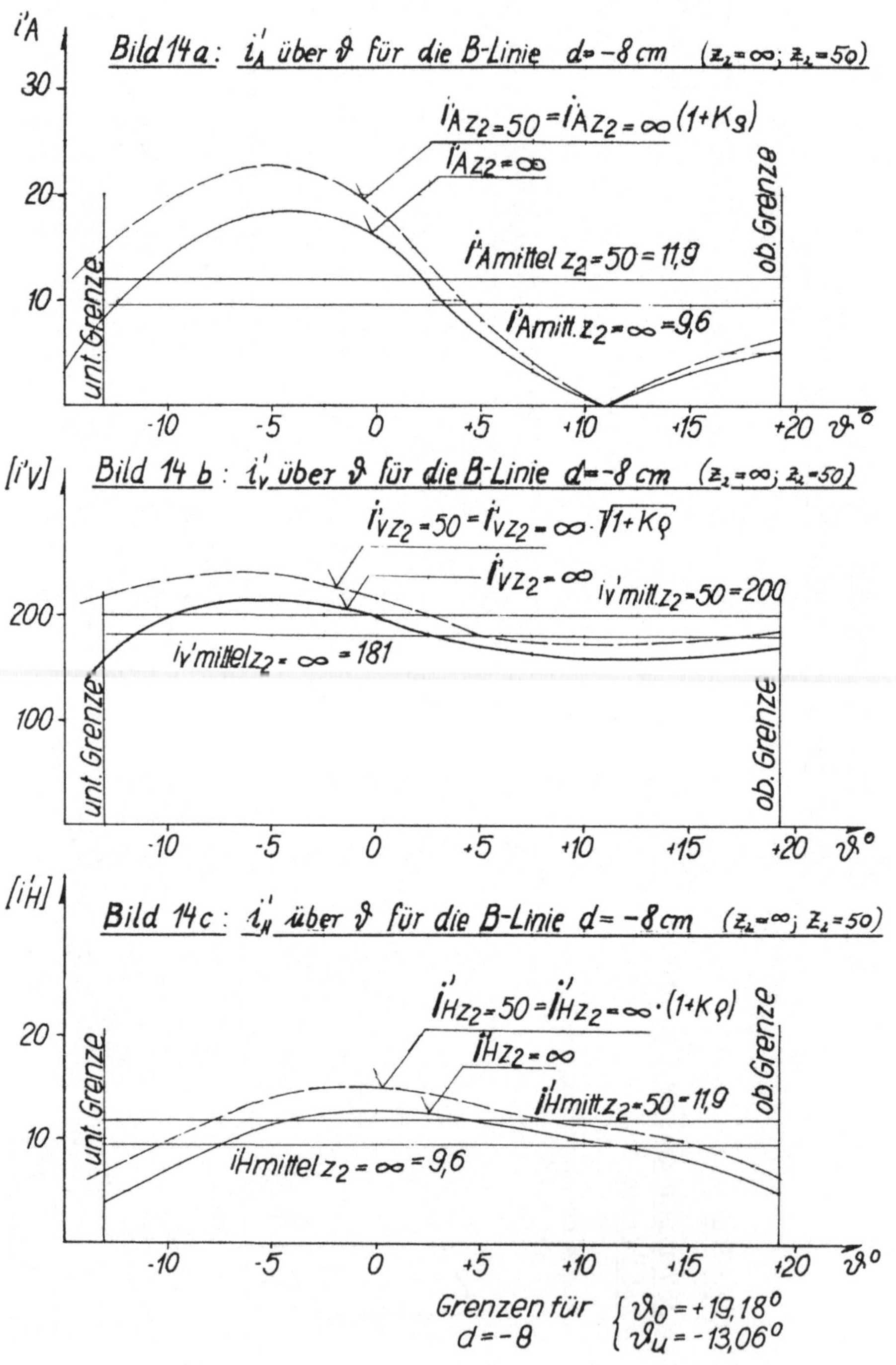

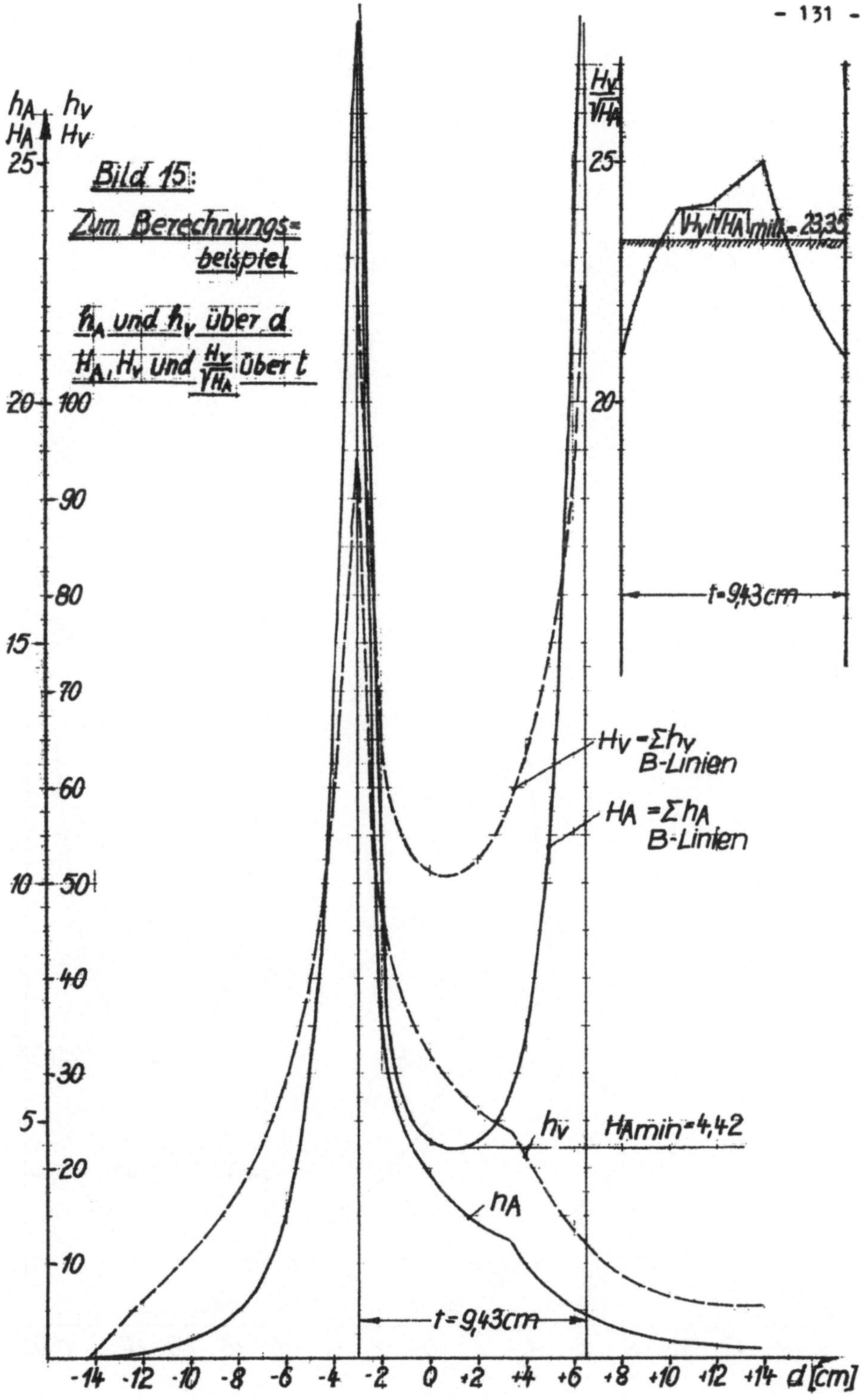

h_A h_V
H_A H_V
Bild 15:
Zum Berechnungs=
beispiel
h_A und h_V über d
H_A, H_V und $\frac{H_V}{\sqrt{H_A}}$ über t
$\frac{H_V}{\sqrt{H_A}}$
$\sqrt{H_V/\sqrt{H_A}}$ mitt. = 23,35
t = 9,43 cm
$H_V = \Sigma h_V$
B-Linien
$H_A = \Sigma h_A$
B-Linien
h_V
$H_{Amin} = 4,42$
h_A
t = 9,43 cm
-14 -12 -10 -8 -6 -4 -2 0 +2 +4 +6 +8 +10 +12 +14 d [cm]

Bild 16: Zum Berechnungsbeispiel

Bild 16: h_H über d ; H_H über t

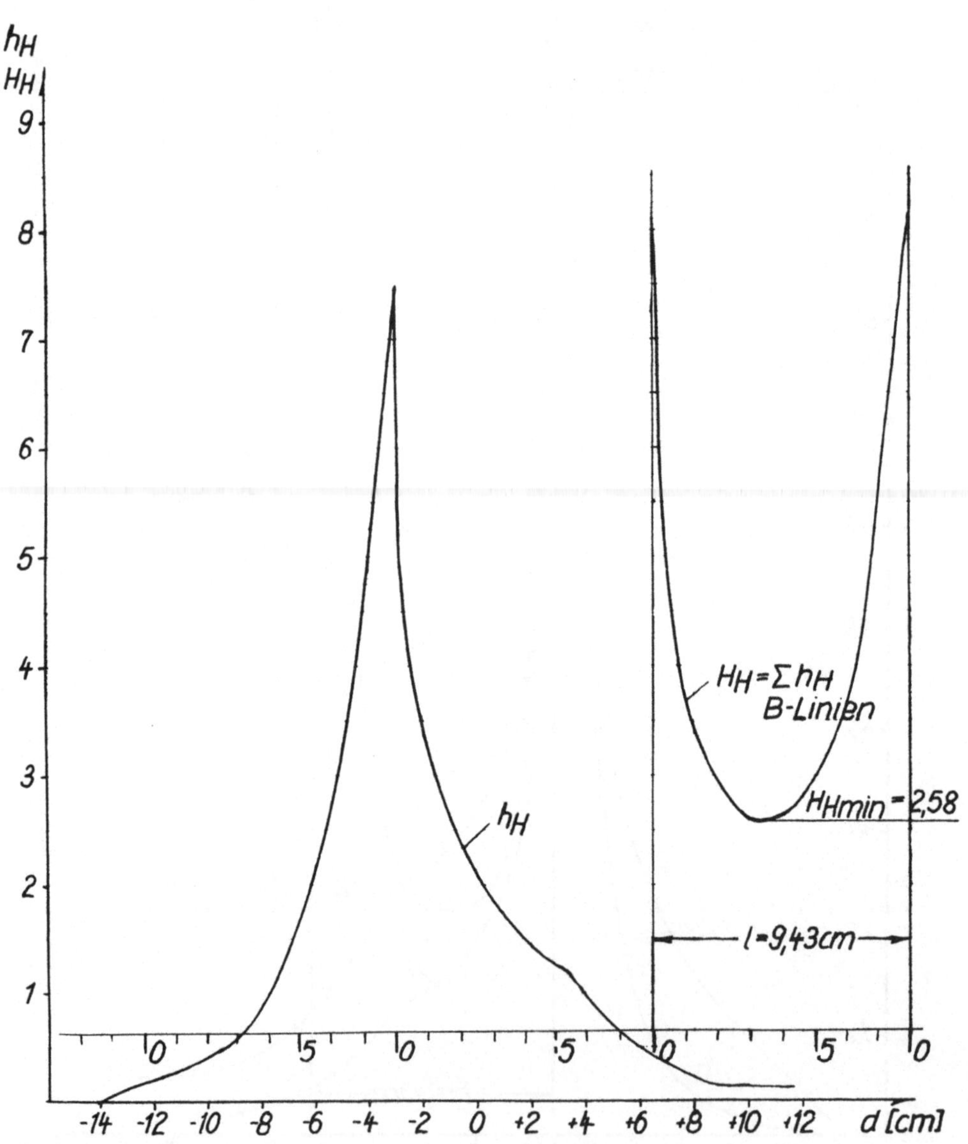

B-Linien

Bild 17:
B-Linien bei Schnecken ohne Steigung
mit Geradlinienprofil
Bild 17a: Stirnansicht der Schnecken
mit B-Linien
Bild 17 b:
M-Profile
Zahnfeld A
Wälzlinie für $\alpha_M = 20°$
Wälzlinie für $\alpha_M = 30,6°$
$\alpha_M = 30,6°$
$\alpha_M = 20°$
$d\cos\alpha_M\sin\alpha_M / r_{01}\cos^2\alpha_M = 0$
$r/r_{01}\cos^2\alpha_M$
0
0,1
0,2
0,3
0,4
0,5
0,6
0,7
0,8
-0,1
-0,2
-0,3
-0,4
-0,5
-0,6
0,1
0,2
0,3
0,4
0,5
0,6
0,7
0,8
0,9
1,0
B
C
D
E
-0,3
-0,2
-0,1
0
+0,1

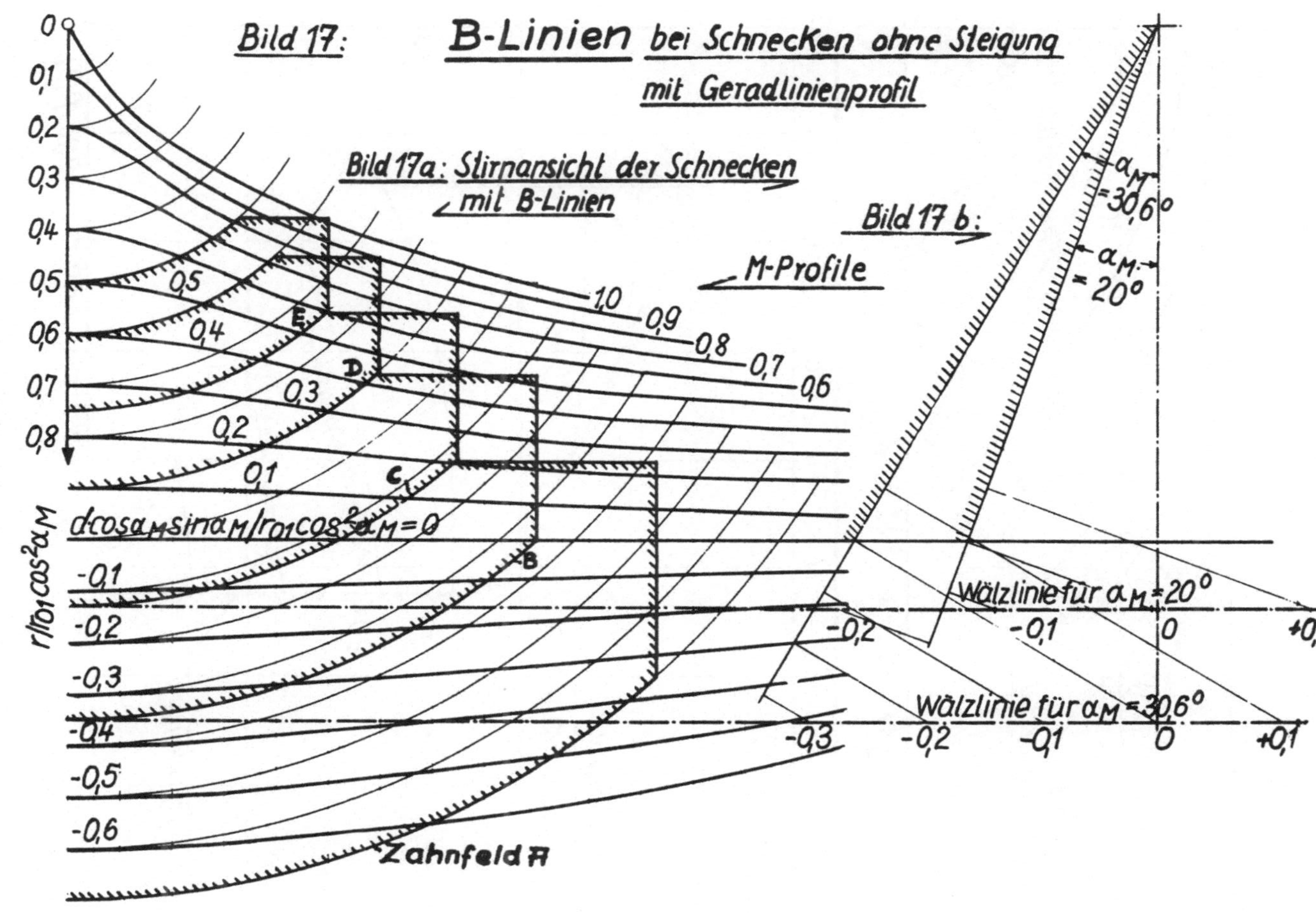

Zum Berechnungsbeispiel

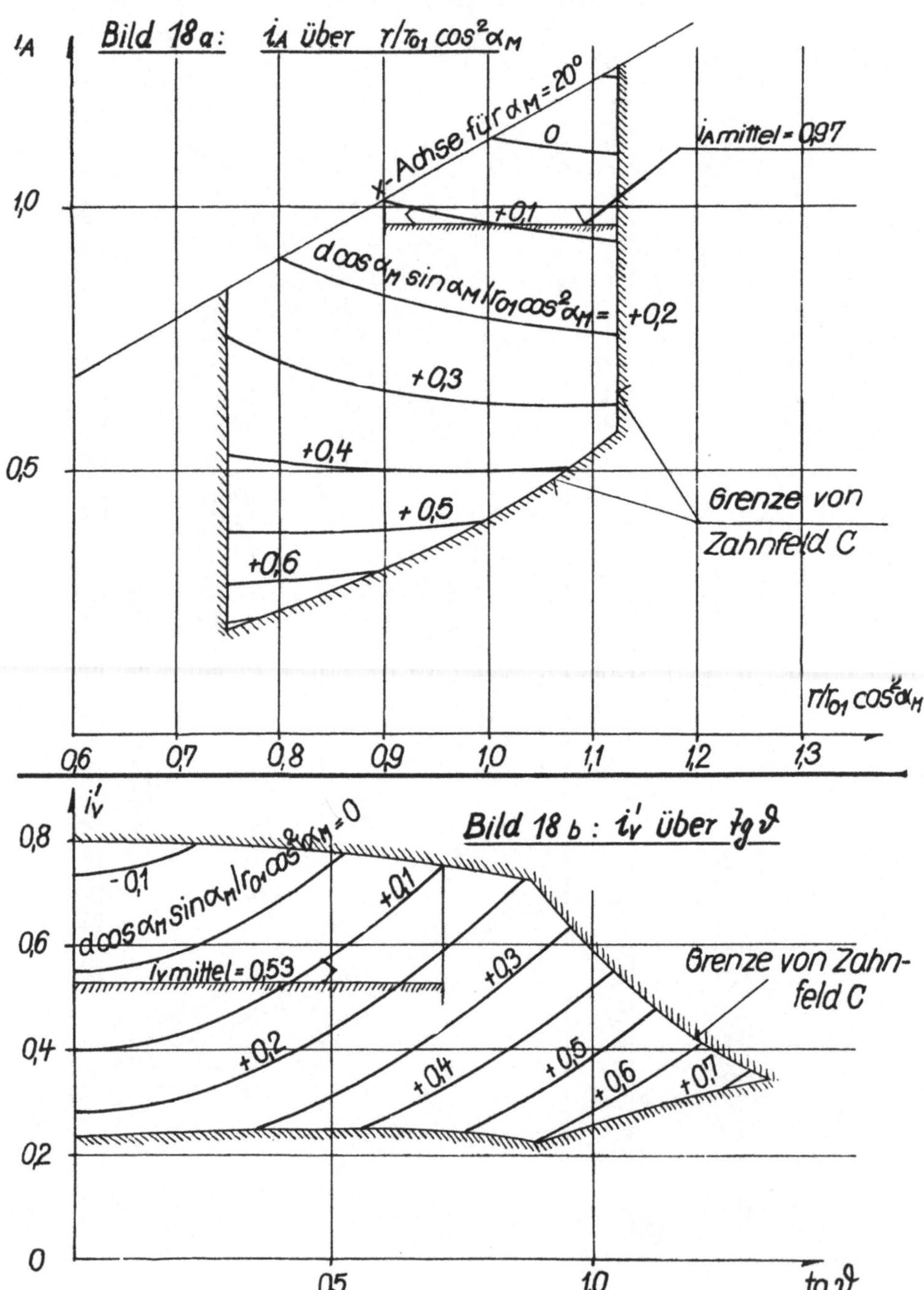

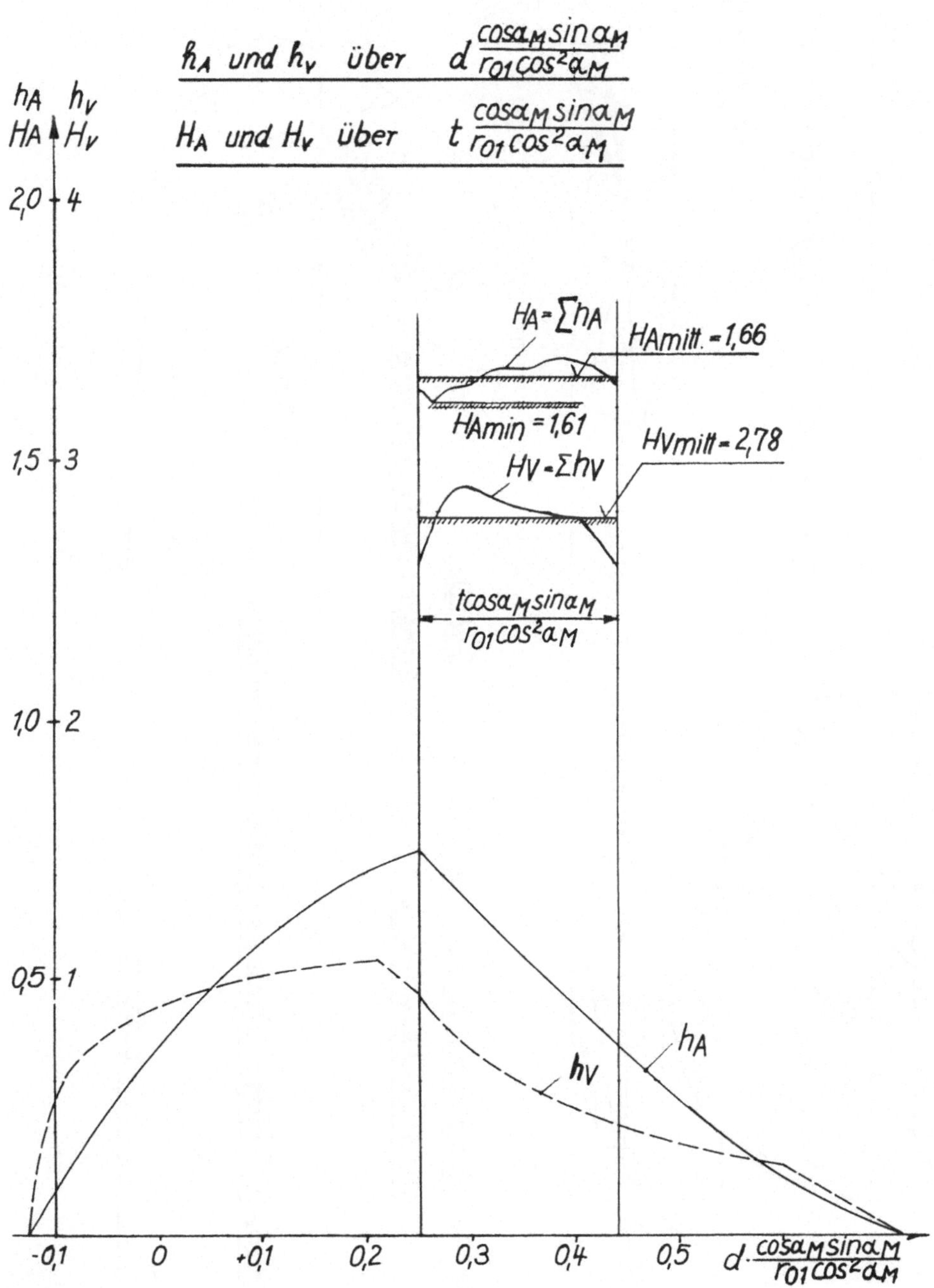

Bild 19: Zum Berechnungsbeispiel.
h_A und h_V über $d \dfrac{\cos\alpha_M \sin\alpha_M}{r_{01}\cos^2\alpha_M}$
H_A und H_V über $t \dfrac{\cos\alpha_M \sin\alpha_M}{r_{01}\cos^2\alpha_M}$
h_A h_V
H_A H_V
2,0 4
1,5 3
1,0 2
0,5 1
$H_A = \Sigma h_A$
$H_{A mitt.} = 1,66$
$H_{A min} = 1,61$
$H_V = \Sigma h_V$
$H_{V mitt} = 2,78$
$\dfrac{t\cos\alpha_M \sin\alpha_M}{r_{01}\cos^2\alpha_M}$
h_V
h_A
-0,1
0
+0,1
0,2
0,3
0,4
0,5
$d \cdot \dfrac{\cos\alpha_M \sin\alpha_M}{r_{01}\cos^2\alpha_M}$

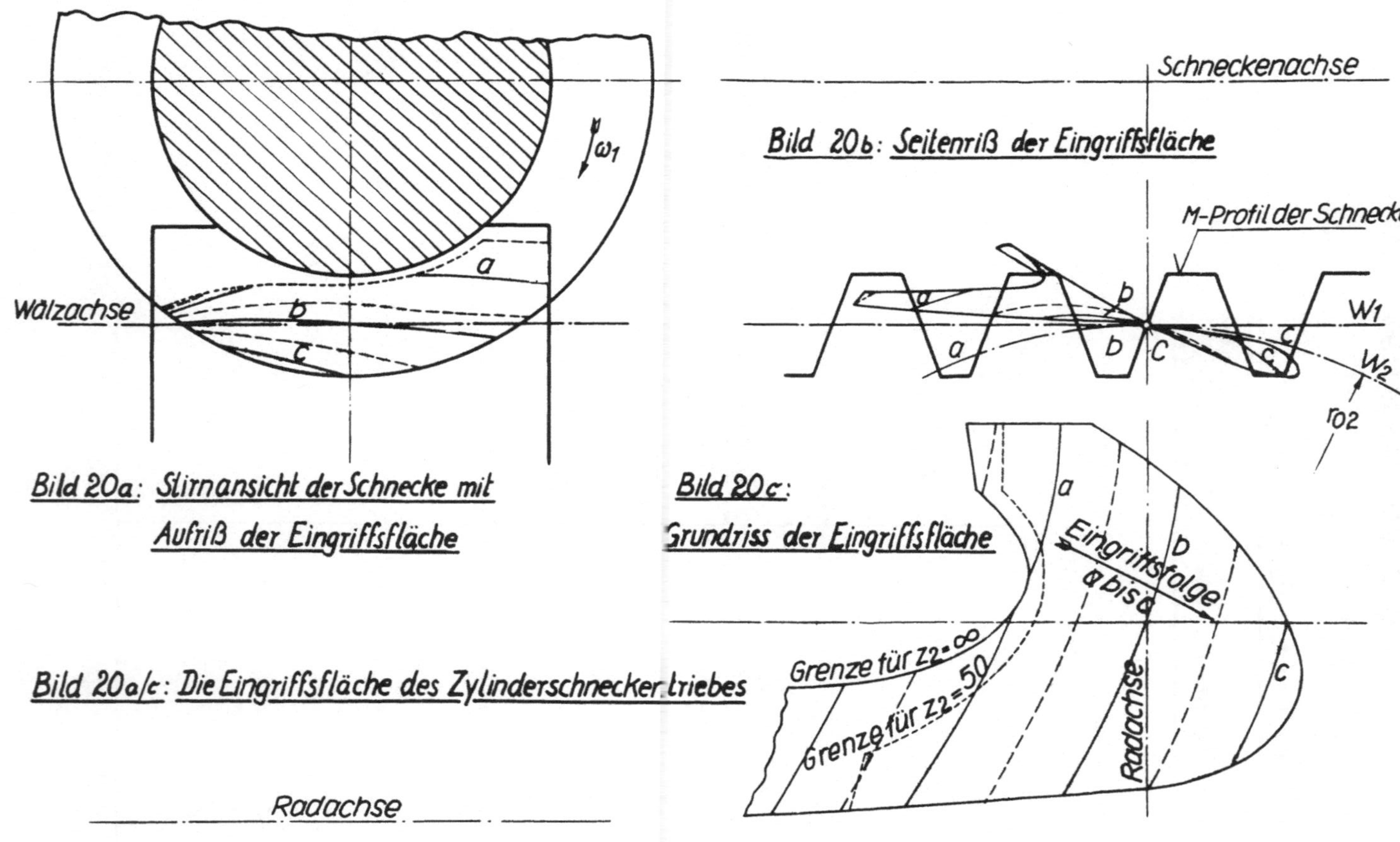

Bild 20b: Seitenriß der Eingriffsfläche

Bild 20a: Stirnansicht der Schnecke mit Aufriß der Eingriffsfläche

Bild 20c: Grundriss der Eingriffsfläche

Bild 20a/c: Die Eingriffsfläche des Zylinderschneckentriebes

Bild 21: B-Linien bei Schnecken mit Geradlinienprofil

$$\alpha_M = 20°; \; r_m/r_{01} = 5/6; \; m/r_m = 0{,}2$$

Bild 21 a:

Schnecke ohne Steigung

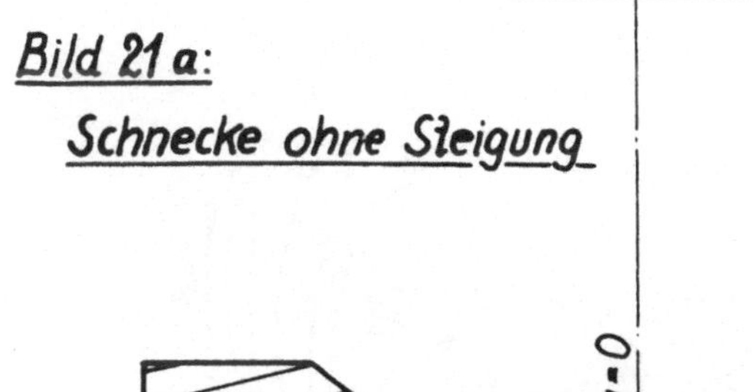

$$t \, \frac{\cos\alpha_M \sin\alpha_M}{r_{01}\cos^2\alpha_M} = 0{,}191 \quad \text{mithin } N = 2 \text{ bis } 3 \text{ Zähne im Eingriff b. } z_2 = 50.$$

Bild 21 b:

Schnecke mit Steigung

$z_1 = 4; \; \gamma_{mittel} = 21{,}8°$

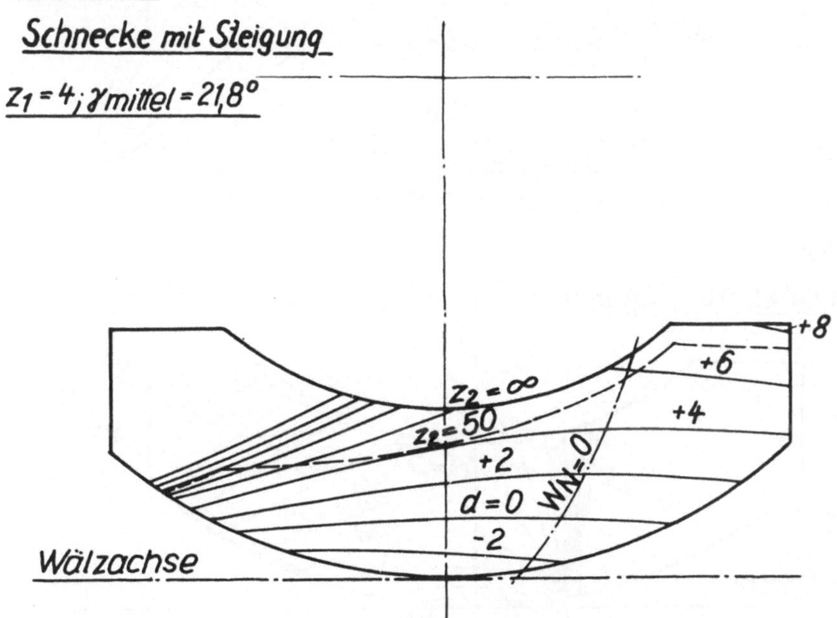

$$t = 1{,}5\,\tau = 4{,}715\,cm, \quad \text{mithin } N = 2 \text{ bis } 3 \text{ Zähne im Eingriff bei } z_2 = 50.$$

Bild 22: B-Linien beim Zylinderschneckentrieb mit HohlKreisprofil

$$(\varphi_M/k = 1/1{,}4\,;\ r_m/r_{01} = 5/6\,;\ m/r_m = 0{,}2\,;\ \alpha_{Mr_m} \approx 20^\circ)$$

Bild 22a:

Schnecke ohne Steigung

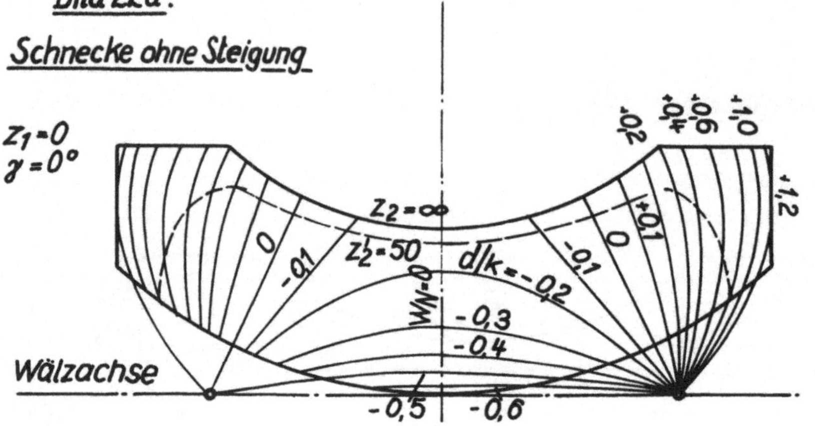

Bild 22 b:

Schnecke mit mittlerer Steigung

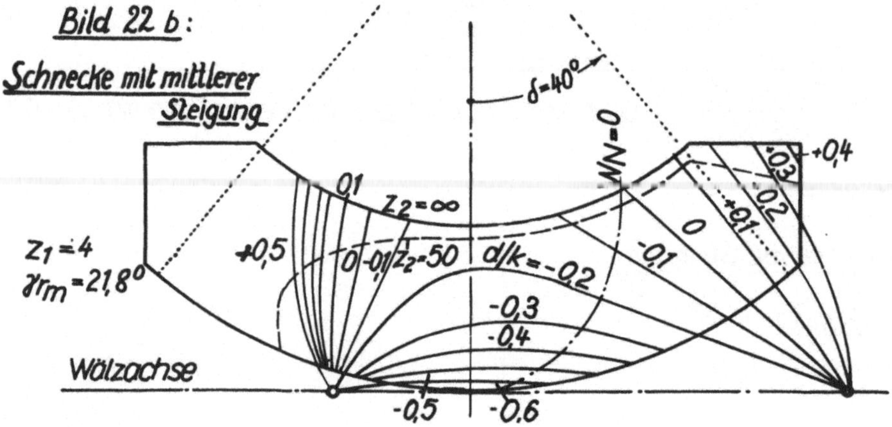

Bild 22c:

Schnecke mit starker Steigung

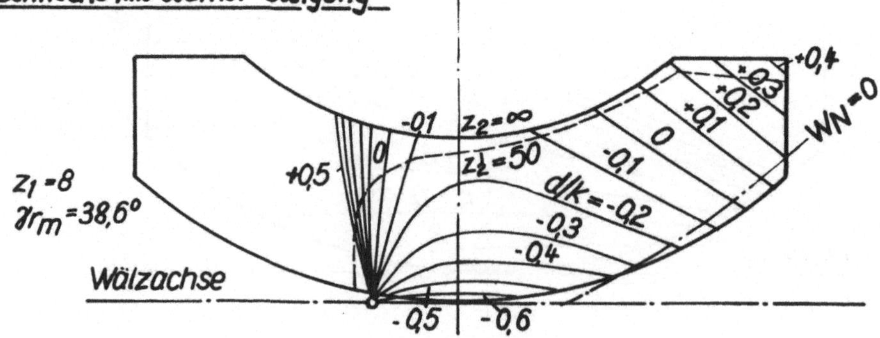

Bild 23: Zu B-Linienverlauf und Wälzlinienlage

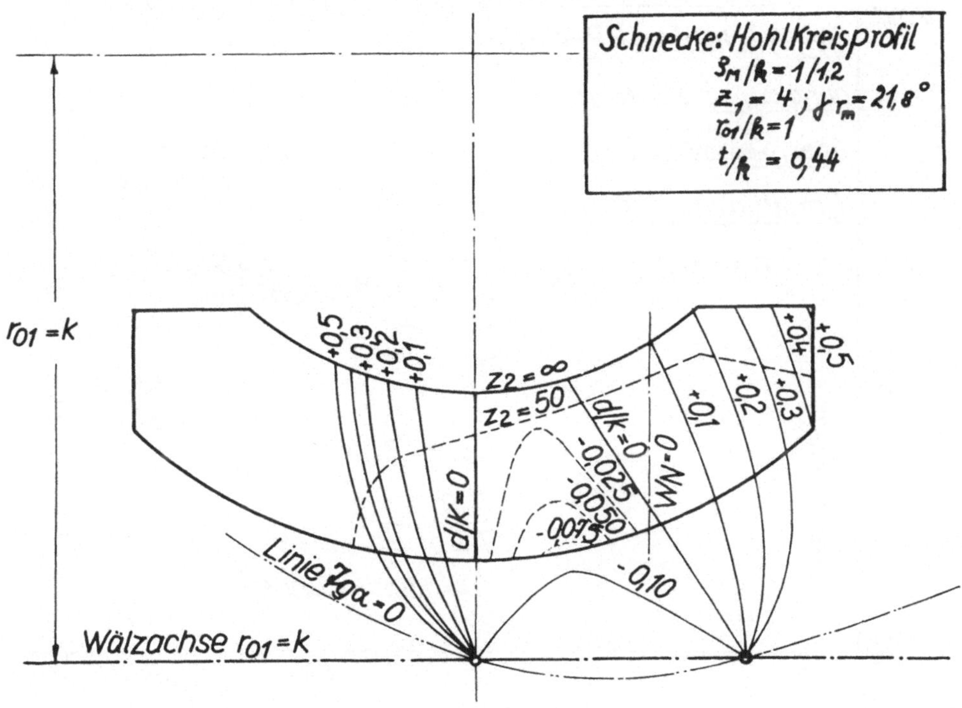

Bild 24: Zur qualitativen Beurteilung des Eingriffsfeldes beim Zylinderschneckentrieb

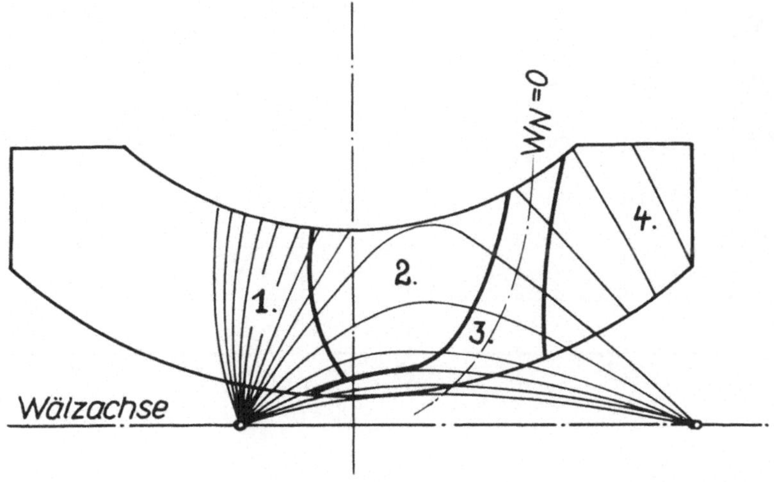

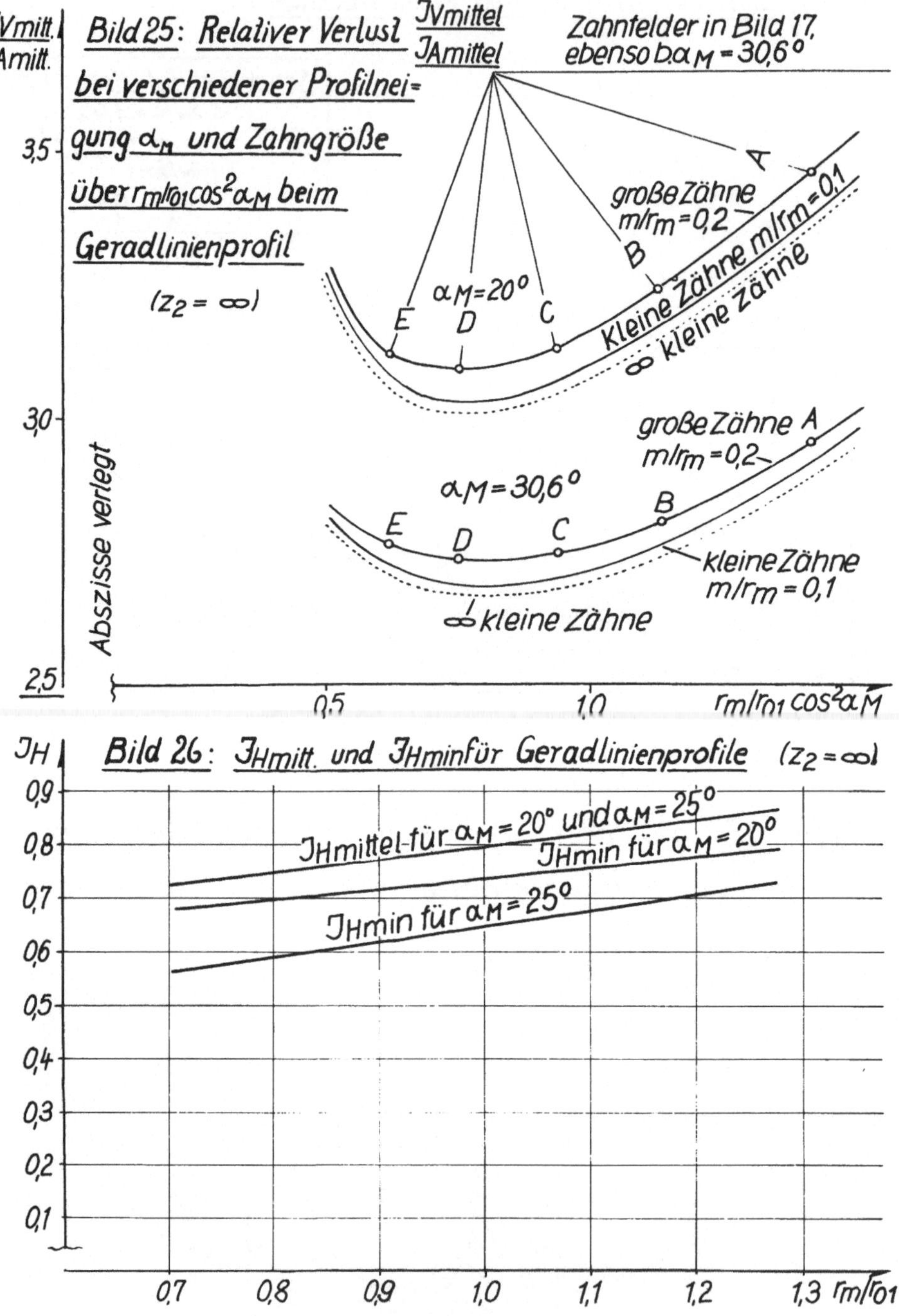

$\dfrac{J_{Vmitt.}}{J_{Amitt.}}$

Bild 25: Relativer Verlust $\dfrac{J_{Vmittel}}{J_{Amittel}}$

Zahnfelder in Bild 17, ebenso b.α_M = 30,6°

bei verschiedener Profilnei=

gung α_M und Zahngröße

über $r_m/r_{01}\cos^2\alpha_M$ beim

Geradlinienprofil

$(z_2 = \infty)$

3,5

große Zähne m/r_m = 0,2

A

B

α_M = 20°

kleine Zähne m/r_m = 0,1

E   D   C

∞ kleine Zähne

3,0

große Zähne A m/r_m = 0,2

α_M = 30,6°

E   D   C   B

kleine Zähne m/r_m = 0,1

∞ kleine Zähne

Abszisse verlegt

2,5

0,5   1,0 $r_m/r_{01}\cos^2\alpha_M$

J_H

Bild 26: $J_{Hmitt.}$ und J_{Hmin} für Geradlinienprofile $(z_2 = \infty)$

0,9

0,8

$J_{Hmittel}$ für α_M = 20° und α_M = 25°

J_{Hmin} für α_M = 20°

0,7

J_{Hmin} für α_M = 25°

0,6

0,5

0,4

0,3

0,2

0,1

0,7   0,8   0,9   1,0   1,1   1,2   1,3 r_m/r_{01}

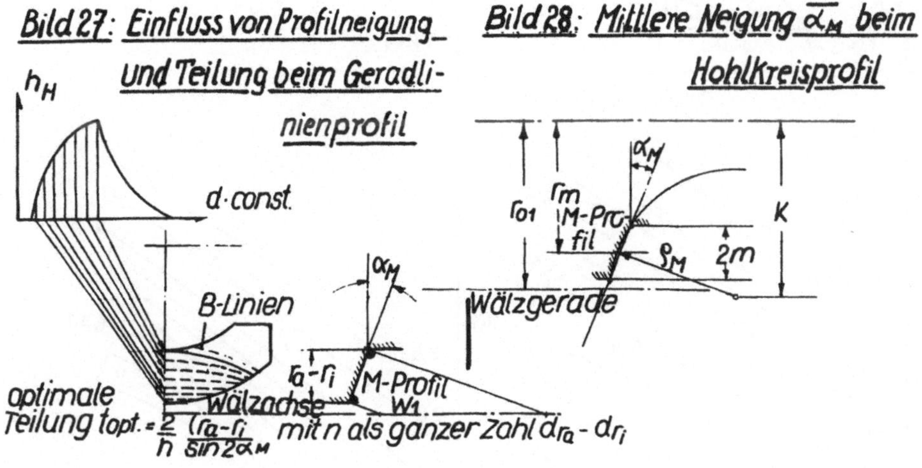

Bild 27: Einfluss von Profilneigung und Teilung beim Geradlinienprofil

$$\text{Teilung } t_{opt.} = \frac{2}{h}\cdot\frac{(r_a-r_i)}{\sin 2\alpha_M}\quad \text{mit } n \text{ als ganzer Zahl}\quad d_{ra}-d_{ri}$$

Bild 28: Mittlere Neigung $\bar{\alpha}_M$ beim Hohlkreisprofil

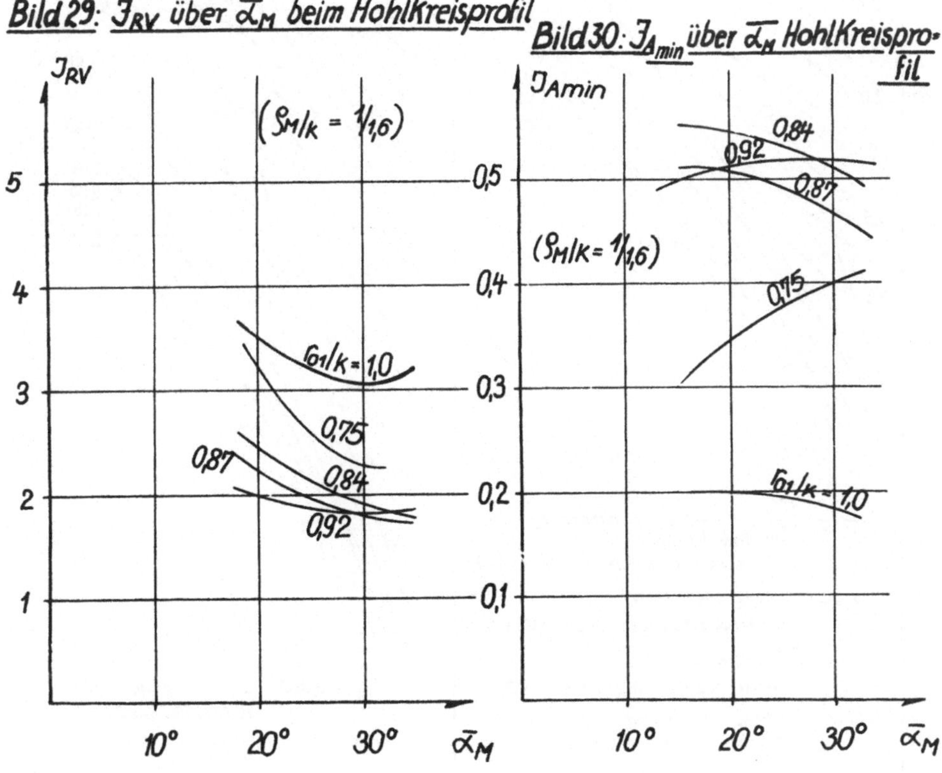

Bild 29: J_{RV} über $\bar{\alpha}_M$ beim Hohlkreisprofil

Bild 30: J_{Amin} über $\bar{\alpha}_M$ Hohlkreisprofil

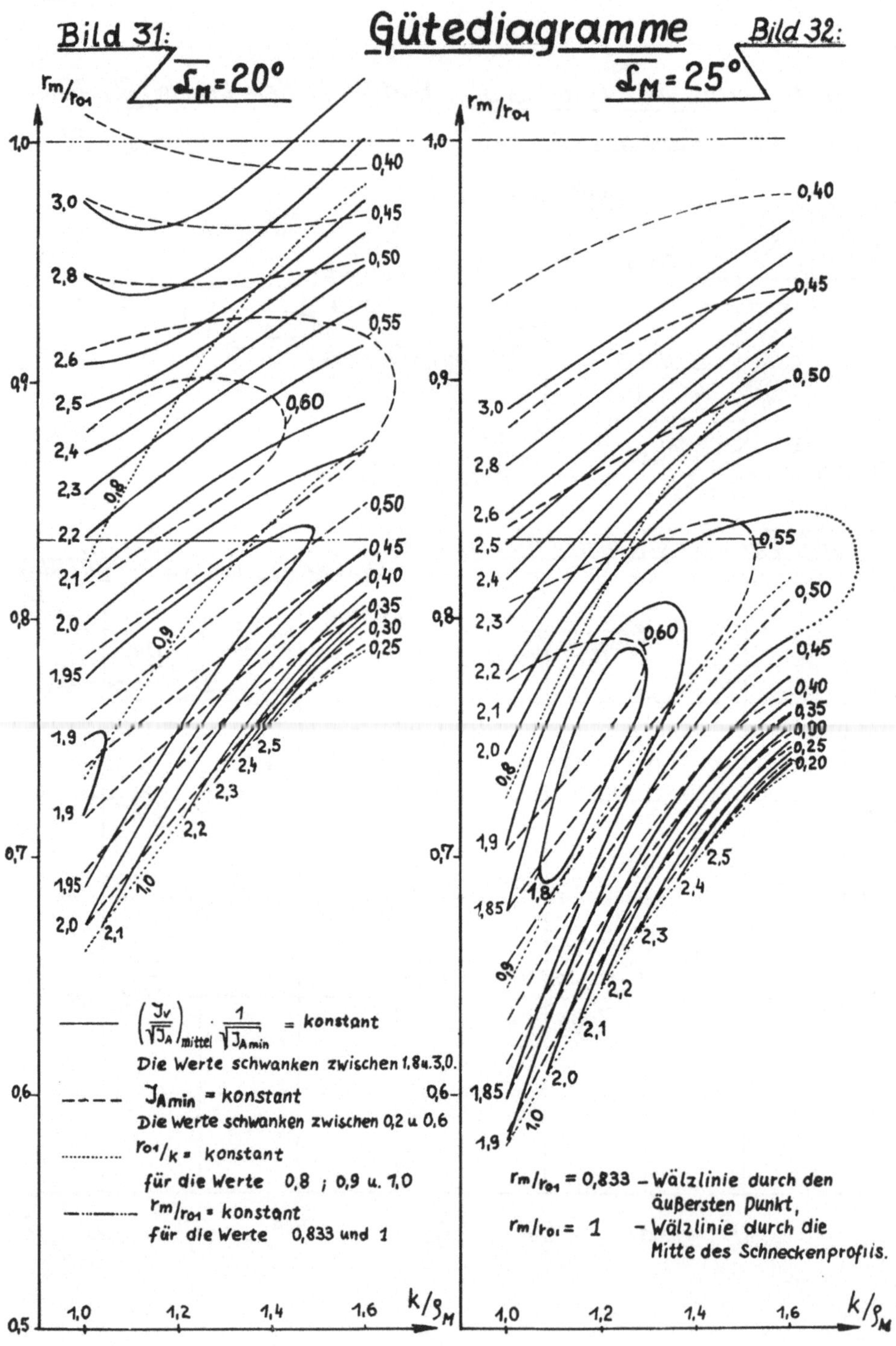
Bild 31.
Gütediagramme
Bild 32.
ℒ_M = 20°
ℒ_M = 25°
r_m/r_o1
r_m/r_o1
1,0
0,40
3,0
0,45
2,8
0,50
2,6
0,55
2,5
0,60
2,4
0,8
2,3
2,2
0,50
2,1
0,45
2,0
0,40
0,9
0,35
1,95
0,30
0,25
1,9
2,5
2,4
2,3
1,9
2,2
1,95
1,0
2,0
2,1
1,0
0,40
0,45
3,0
0,50
2,8
2,6
2,5
0,55
2,4
2,3
0,50
2,2
0,60
0,45
2,1
0,40
2,0
0,35
0,8
0,00
0,25
0,20
1,9
2,5
1,85
1,8
2,4
0,8
2,3
2,2
2,1
1,85
2,0
1,0
1,9
(J_v/√J_A)_mittel · 1/√J_Amin = konstant
Die Werte schwanken zwischen 1,8 u. 3,0.
J_Amin = konstant
Die Werte schwanken zwischen 0,2 u 0,6
r_o1/k = konstant
für die Werte 0,8 ; 0,9 u. 1,0
r_m/r_o1 = konstant
für die Werte 0,833 und 1
r_m/r_o1 = 0,833 – Wälzlinie durch den
äußersten Punkt,
r_m/r_o1 = 1 – Wälzlinie durch die
Mitte des Schneckenprofils.
1,0   1,2   1,4   1,6   k/ρ_M
1,0   1,2   1,4   1,6   k/ρ_M
0,5
0,6
0,7
0,8
0,9
1,0

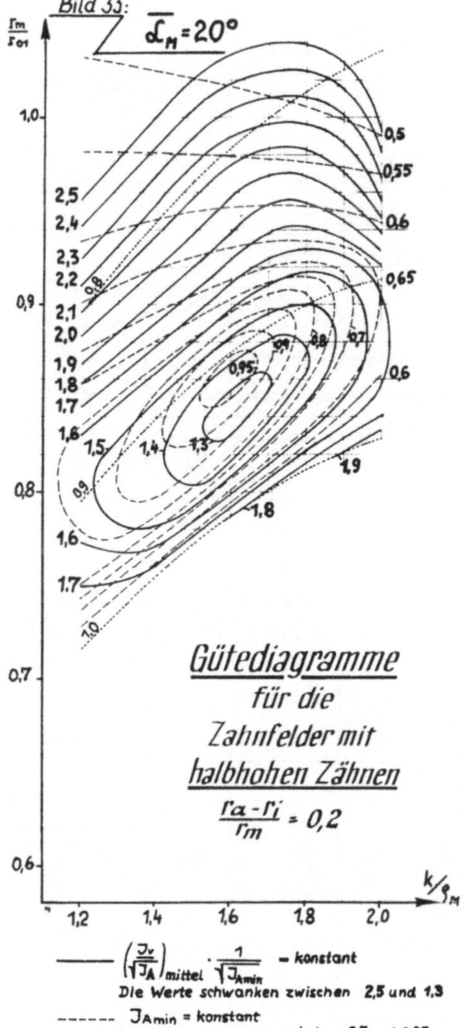

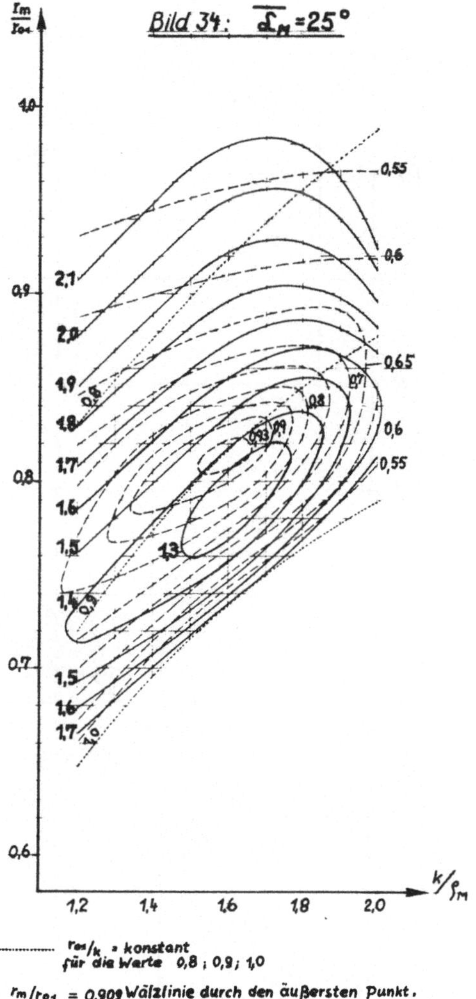

──── $\left(\frac{J_v}{\sqrt{J_A}}\right)_{mittel} \cdot \frac{1}{\sqrt{J_{A\,min}}}$ = konstant
Die Werte schwanken zwischen 2,5 und 1,3

------ $J_{A\,min}$ = konstant
Die Werte schwanken zwischen 0,5 und 0,95

········ r_{01}/k = konstant
für die Werte 0,8 ; 0,9 ; 1,0

r_m/r_{01} = 0,909 Wälzlinie durch den äußersten Punkt.
r_m/r_{01} = 1   Wälzlinie durch die Mitte des Schneckenprofils

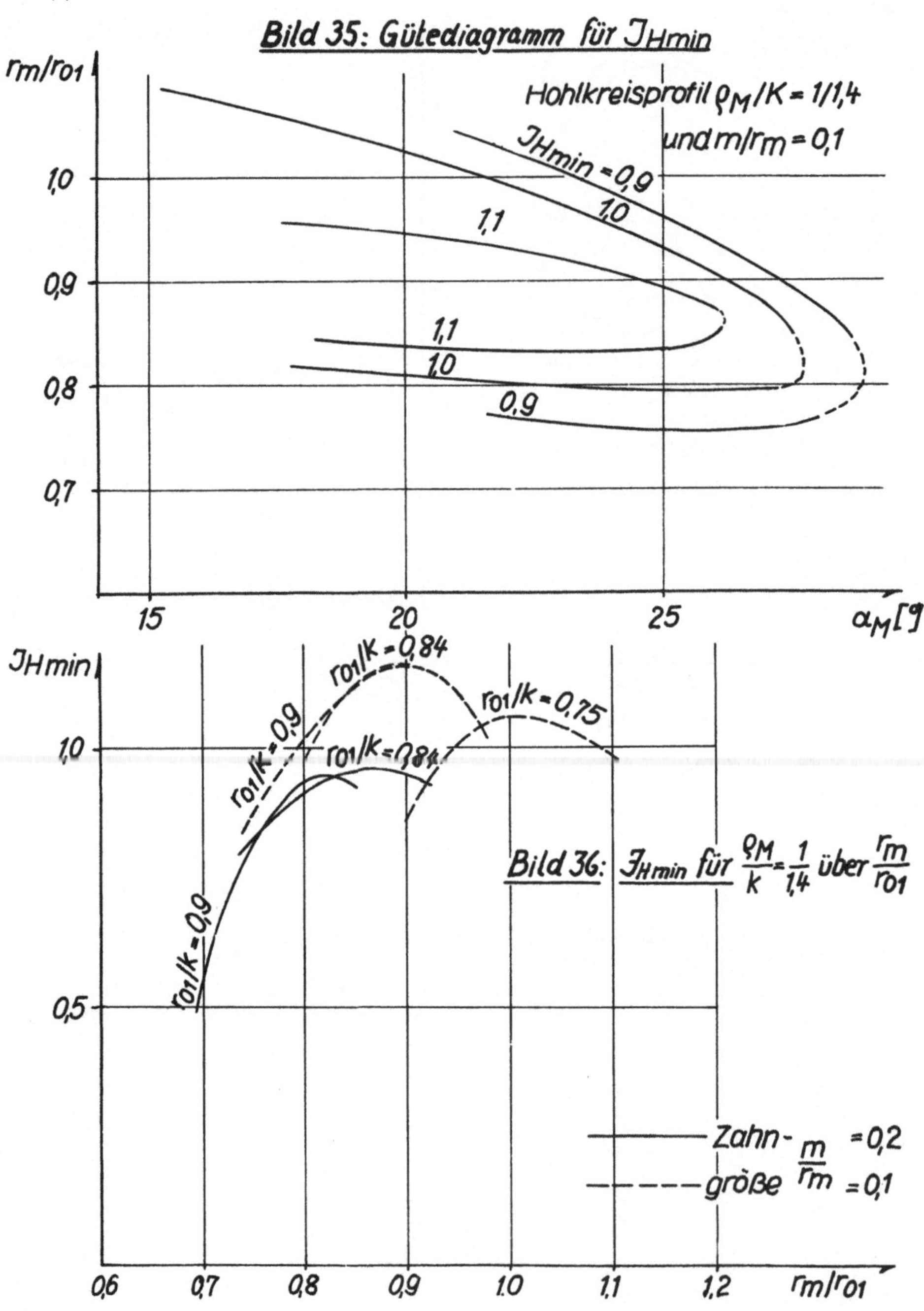
Bild 35: Gütediagramm für J_{Hmin}
Hohlkreisprofil $\rho_M/K = 1/1,4$
und $m/r_m = 0,1$
r_m/r_{01}
$J_{Hmin} = 0,9$
1,0
1,1
1,1
1,0
0,9
1,0
0,9
0,8
0,7
15
20
25
α_M [°]
J_{Hmin}
$r_{01}/k = 0,84$
$r_{01}/k = 0,9$
$r_{01}/k = 0,84$
$r_{01}/k = 0,75$
1,0
$r_{01}/k = 0,9$
Bild 36: J_{Hmin} für $\frac{\rho_M}{k} = \frac{1}{1,4}$ über $\frac{r_m}{r_{01}}$
0,5
Zahn- $\frac{m}{r_m} = 0,2$
größe $\frac{m}{r_m} = 0,1$
0,6
0,7
0,8
0,9
1,0
1,1
1,2
r_m/r_{01}

Bild 37: $J_{Amittel}$ - Diagramm für $\alpha_M = 20°$

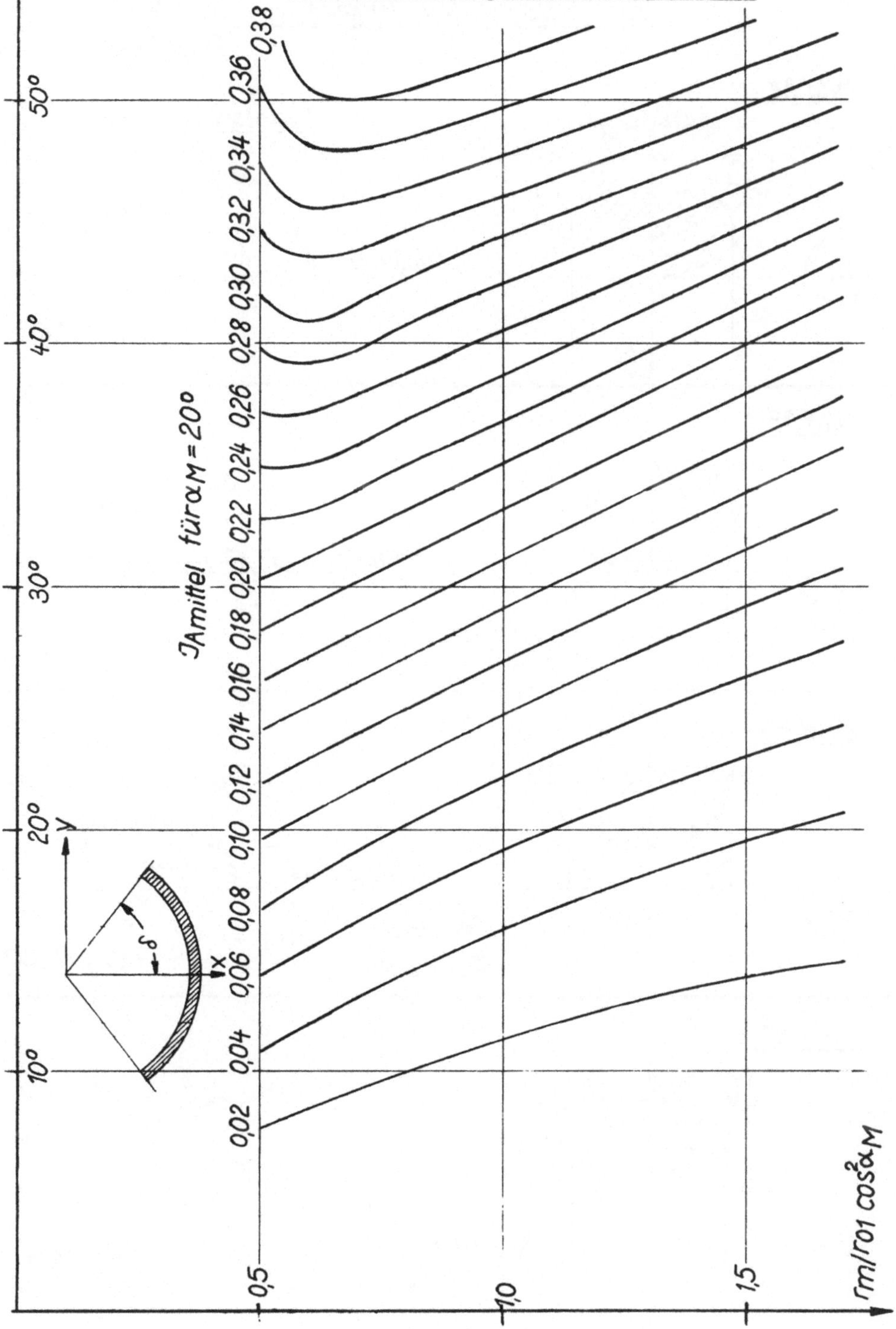

Bild 38 bis 41: Zum Vergleich von Zylinderschnecken

Bild 38:

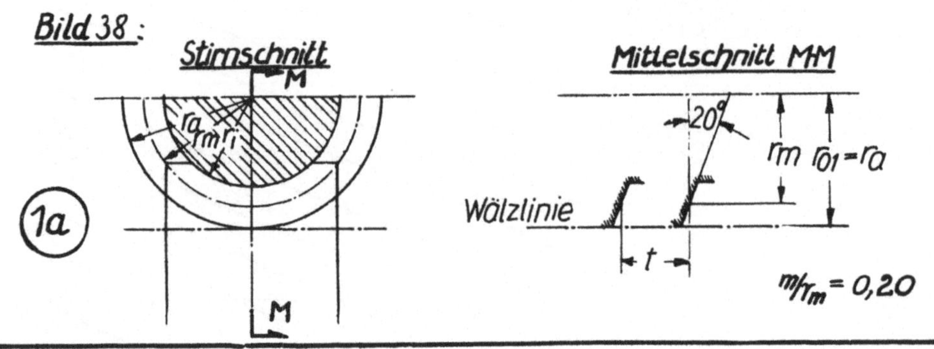

Bild 39:

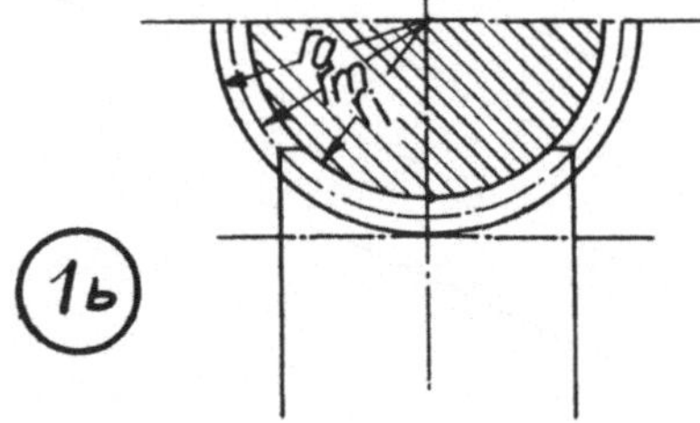
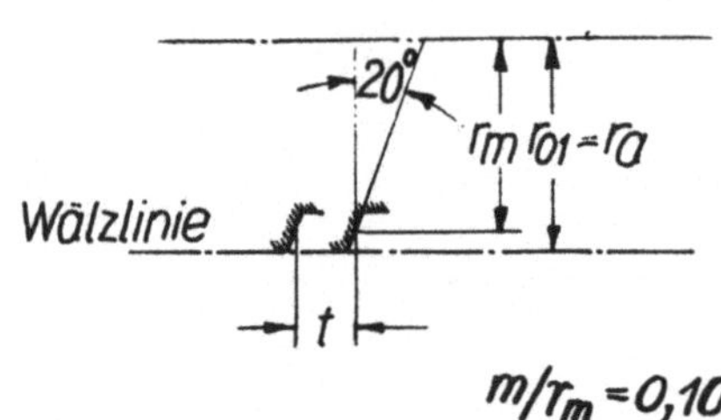

Bild 40:

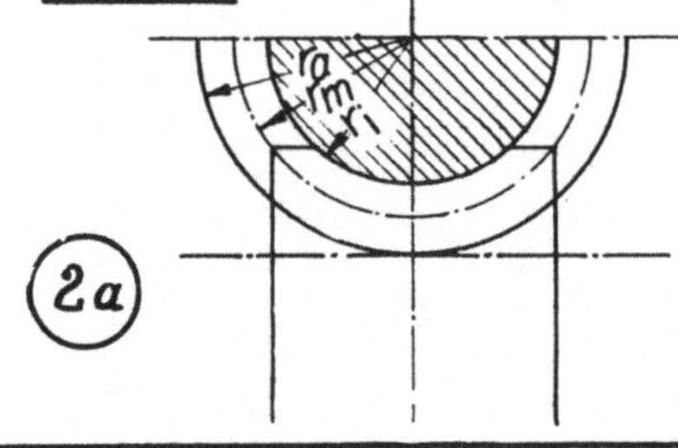
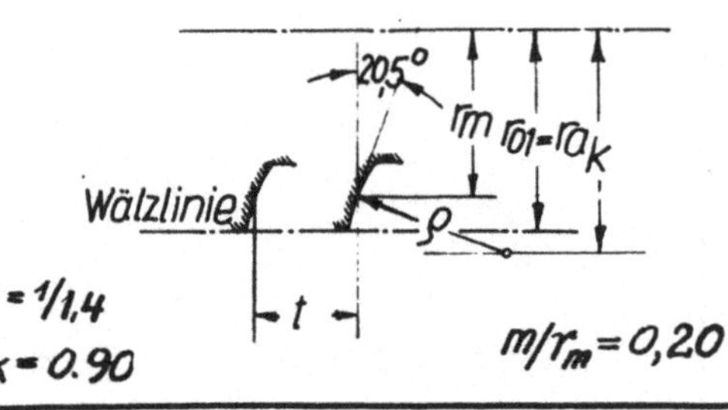

Bild 41:

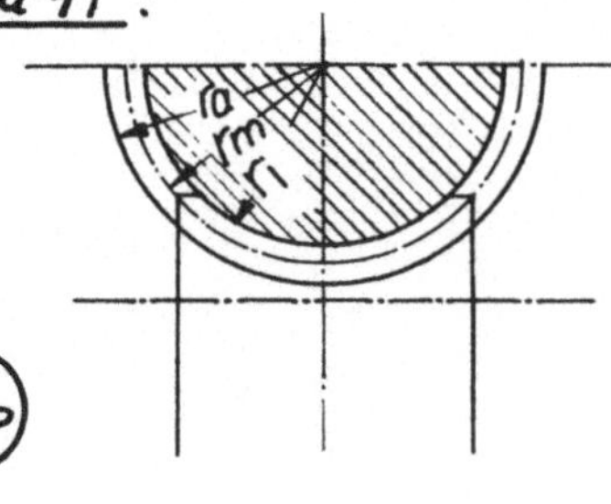
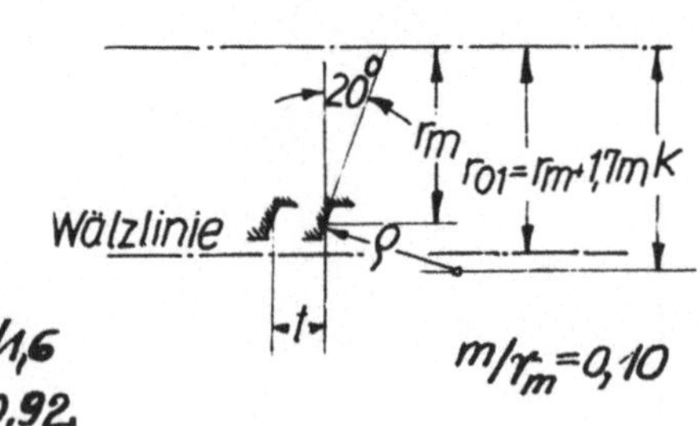

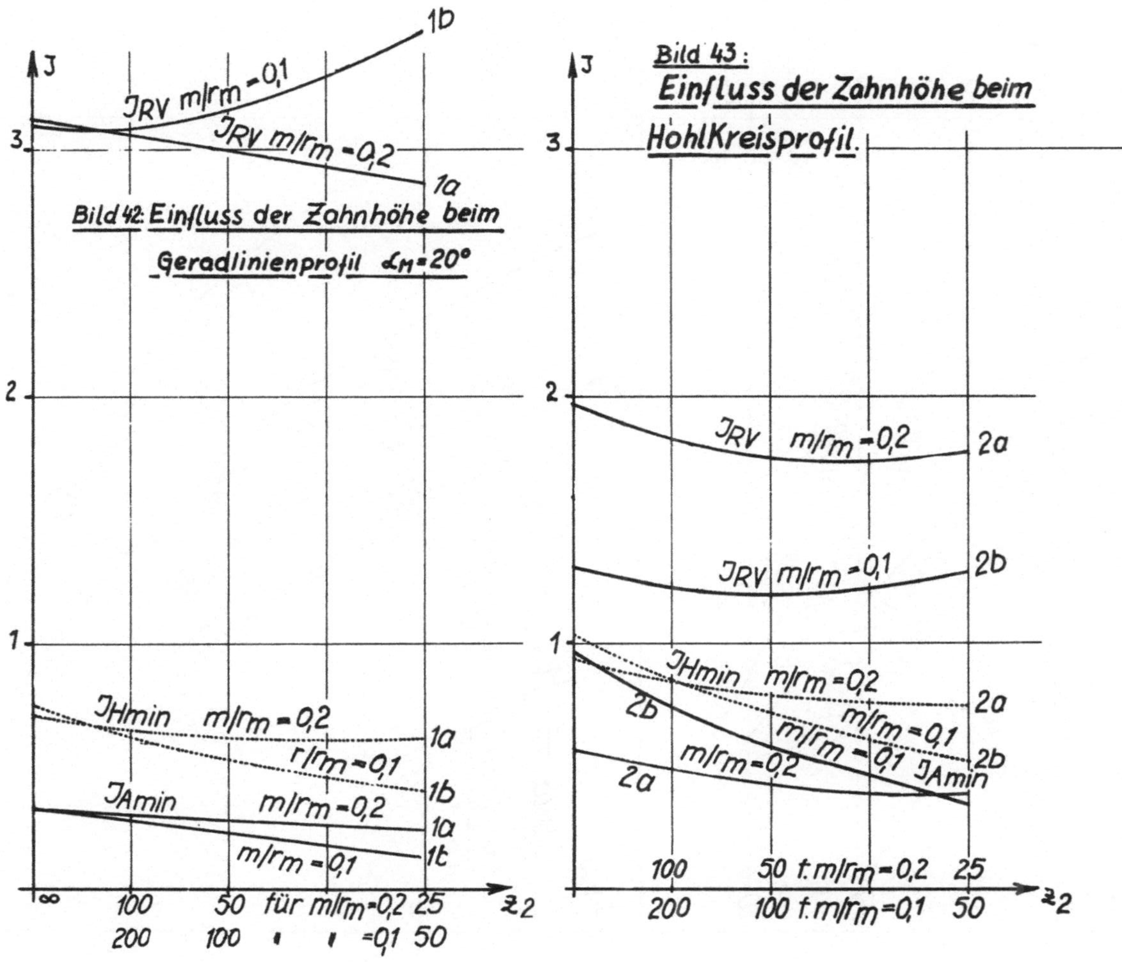
J
JRV m/rm = 0,1
JRV m/rm = 0,2
1b
1a
Bild 42: Einfluss der Zahnhöhe beim
Geradlinienprofil $\alpha_M = 20°$
JHmin m/rm = 0,2
r/rm = 0,1
1a
1b
JAmin m/rm = 0,2
m/rm = 0,1
1a
1t
∞ 100 50 für m/rm=0,2 25 z2
200 100 , , =0,1 50
J
Bild 43:
Einfluss der Zahnhöhe beim
HohlKreisprofil.
JRV m/rm = 0,2 2a
JRV m/rm = 0,1 2b
JHmin m/rm = 0,2
2a
2b
m/rm = 0,1
m/rm = 0,2
m/rm = 0,1 JAmin
2b
2a
100 50 t.m/rm=0,2 25
200 100 t.m/rm=0,1 50
z2

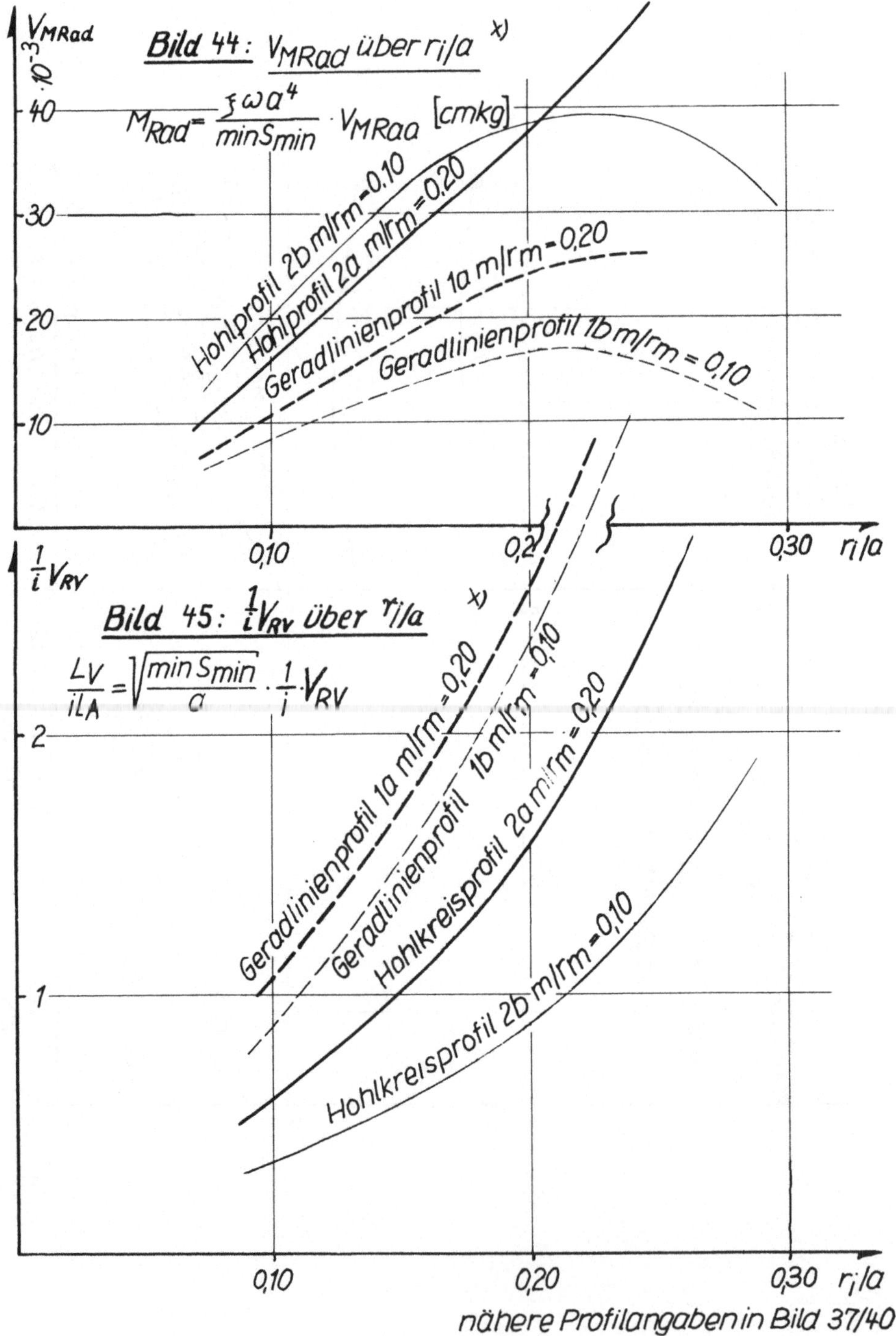
V_{MRad}
$\cdot 10^{-3}$
40
30
20
10
Bild 44: V_{MRad} über r_i/a ⁺⁾
$M_{Rad} = \dfrac{\zeta\,\omega\,a^4}{min\,S_{min}} \cdot V_{MRad}$ [cmkg]
Hohlprofil 2b m/rm = 0,10
Hohlprofil 2a m/rm = 0,20
Geradlinienprofil 1a m/rm = 0,20
Geradlinienprofil 1b m/rm = 0,10
0,10
0,20
0,30 r_i/a

$\frac{1}{i} V_{RV}$
Bild 45: $\frac{1}{i} V_{RV}$ über r_i/a ⁺⁾
$\dfrac{LV}{iL_A} = \sqrt{\dfrac{min\,S_{min}}{a}} \cdot \dfrac{1}{i} V_{RV}$
2
1
Geradlinienprofil 1a m/rm = 0,20
Geradlinienprofil 1b m/rm = 0,10
Hohlkreisprofil 2a m/rm = 0,20
Hohlkreisprofil 2b m/rm = 0,10
0,10
0,20
0,30 r_i/a
nähere Profilangaben in Bild 37/40

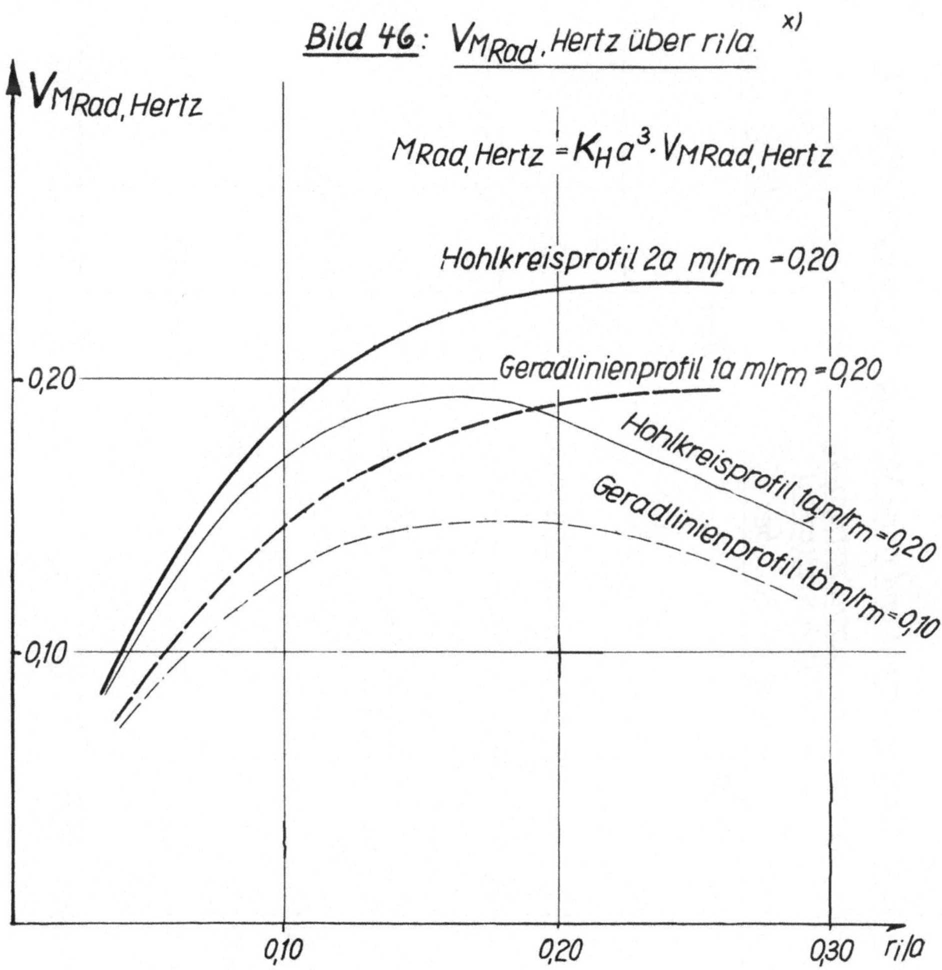

Bild 46: V_MRad.Hertz über ri/a. x)
V_MRad,Hertz
M_Rad,Hertz = K_H a³ · V_MRad,Hertz
Hohlkreisprofil 2a m/rm =0,20
Geradlinienprofil 1a m/rm =0,20
Hohlkreisprofil 1a m/rm =0,20
Geradlinienprofil 1b m/rm =0,10
0,20
0,10
0,10
0,20
0,30
ri/a

Bild 47 bis 49: Schnecken mit und ohne Steigung (Zahngröße $m/r_m = 0,2$)

– – – – Geradlinienprofil
——— Hohlkreisprofil

Bild 47: $\mathfrak{J}_{Amin}$ über z_2 | Bild 48: $\mathfrak{J}_{RV}$ über z_2 | Bild 49: $\mathfrak{J}_{Hmin}$ über z_2

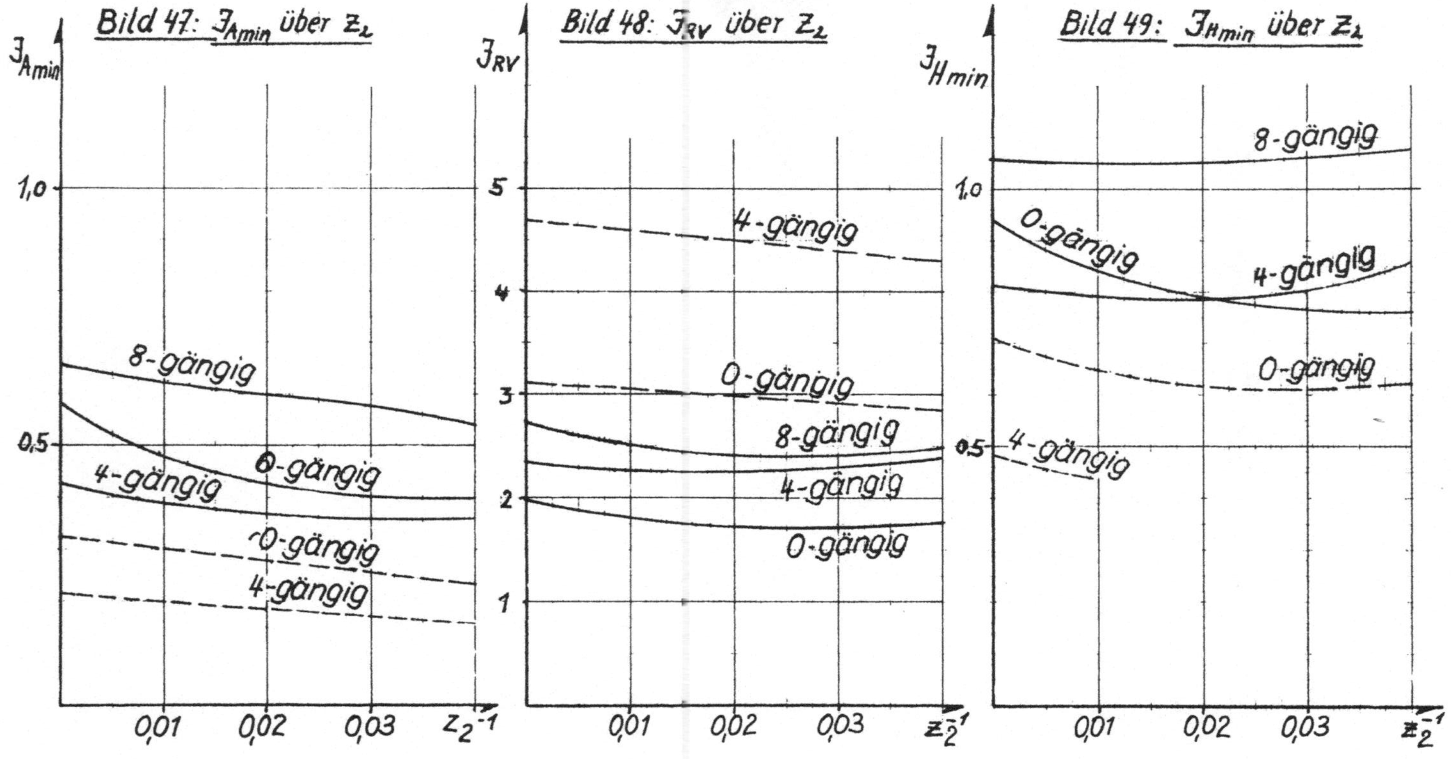

Bild 50/51 : Gütediagramme für $V_{M Rad}$ u. $\frac{1}{i} V_{RV}$

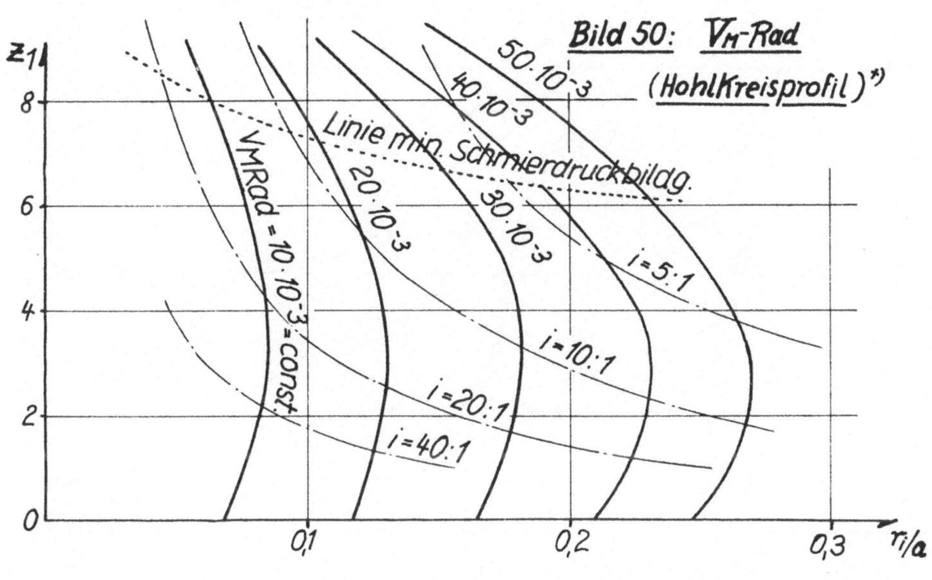

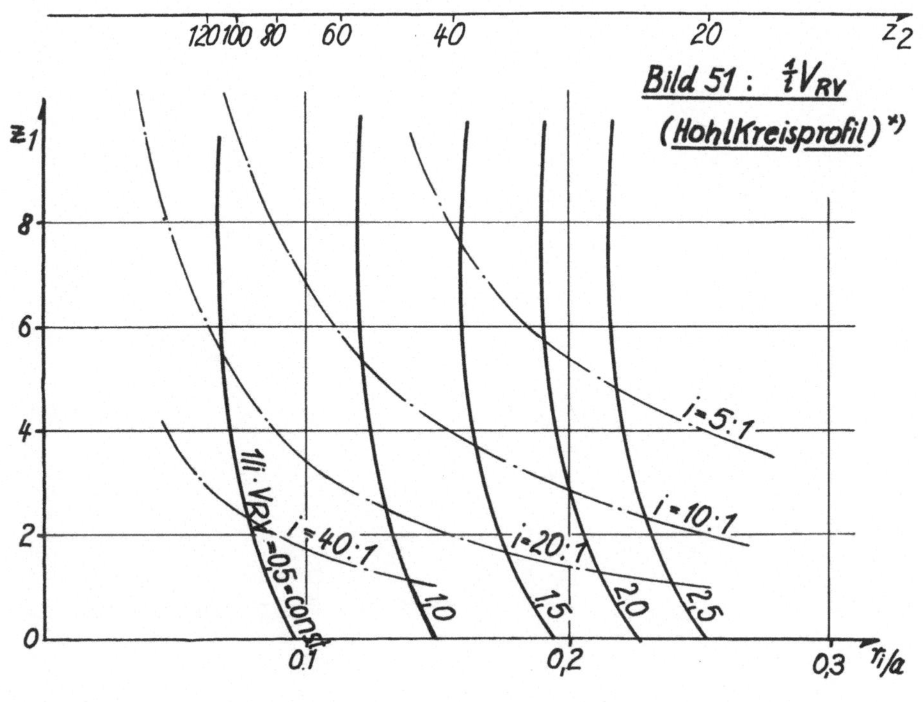

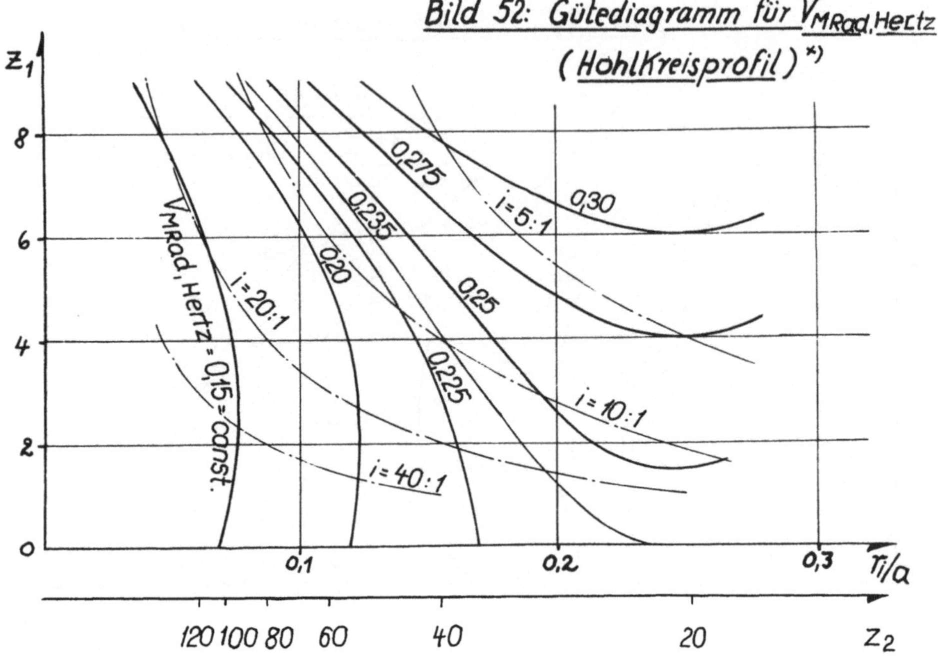

[*)] HohlKreisprofil $\frac{\varrho_M}{k} = \frac{1}{1,4}$; $\frac{r_m}{r_{01}} = 0,833$; $\frac{m}{r_m} = 0,2$

Bild 53/56 : Zu den Ableitungen im Teil VII

Bild 53: Koordinatendarstellung der Schnecke.

Bild 54: Konstruktion der Größen σ und τ in der Stirnebene.

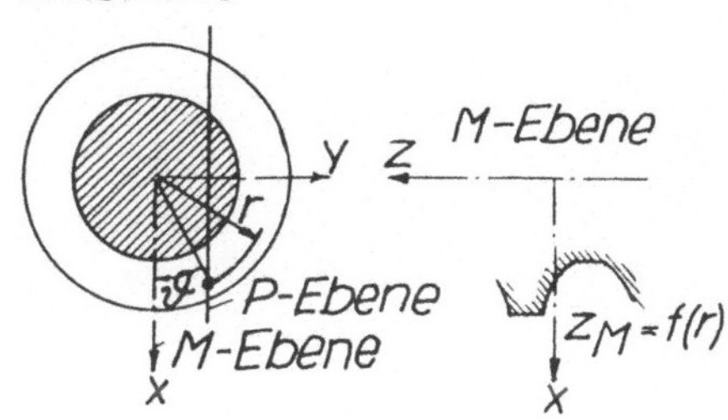

Bild 55: Umwandlung eines Koordinatensystems durch zweimaliges Drehen; Drehwinkel φ und ψ, durch die ρ_N ausgedrückt wird.

Bild 56 a/b: Hilfskonstruktion zur Ermittlung von

a) der Geschwindigk. f_1 des B-Punktes auf dem P-Profil der Schnecke.

und b) d. Geschwindigk. f_2 des B-Punktes auf dem P-Profil des Rades.

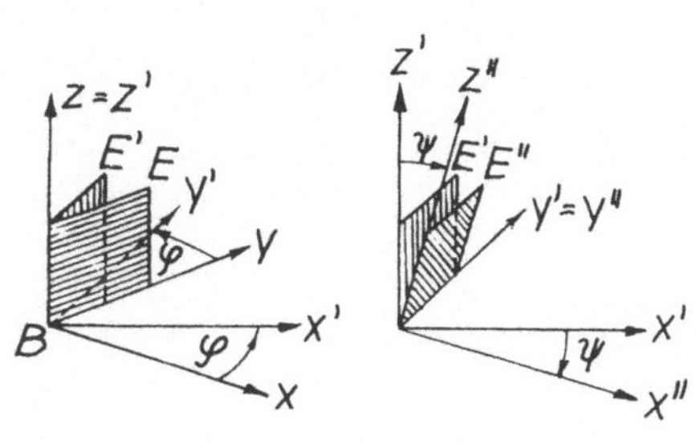

Bild 56 a :

Bild 56 b :

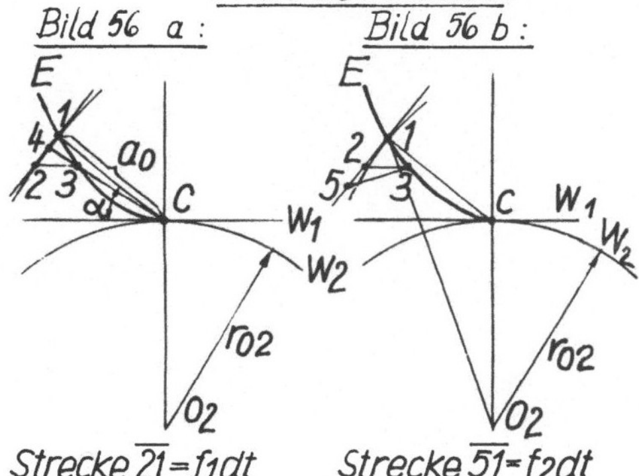

Strecke $\overline{21} = f_1 dt$ Strecke $\overline{51} = f_2 dt$